十五度萬七千八百六十
十五除之
二也約之即得當為奏
一萬六百五十二萬
今得十二萬
光百四十有零

江晓原作品系列

《周髀算经》
新论·译注

江晓原 著

生活·讀書·新知 三联书店

图书在版编目（CIP）数据

《周髀算经》新论·译注 / 江晓原著. —北京：
生活·读书·新知三联书店, 2024.7
（江晓原作品系列）
ISBN 978-7-108-07812-4

Ⅰ.①周… Ⅱ.①江… Ⅲ.①古算经－中国②天文学
史－中国－先秦时代 Ⅳ.① O112 ② P1-092

中国国家版本馆 CIP 数据核字 (2024) 第 057060 号

责任编辑　陈富余
装帧设计　康　健
责任校对　陈　格
责任印制　李思佳
出版发行　生活·讀書·新知 三联书店
　　　　　（北京市东城区美术馆东街 22 号 100010）
网　　址　www.sdxjpc.com
经　　销　新华书店
印　　刷　北京隆昌伟业印刷有限公司
版　　次　2024 年 7 月北京第 1 版
　　　　　2024 年 7 月北京第 1 次印刷
开　　本　635 毫米 × 965 毫米　1/16　印张 10.75
字　　数　119 千字　图 20 幅
印　　数　0,001－2,000 册
定　　价　69.00 元
（印装查询：01064002715；邮购查询：01084010542）

目　录

新版序

 本书是我唯一一本古籍白话译文和注释作品，初版于 1996 年（辽宁教育出版社），2015 年版权转入上海交通大学出版社，此次生活·读书·新知三联书店新版，收入"江晓原作品系列"，文字内容和插图都没有改动。

江晓原

2024 年 4 月 16 日

于上海交通大学科学史与科学文化研究院

2015 版前言

本书原由辽宁教育出版社初版于1996年，近20年来，也不时有读者向我打听何处可以买到本书，最初我还建议他们去和出版社联系，后来出版社最后的10册库存也被我全数买来了，市面上早已绝迹。

我一向不建议年轻人阅读中国古籍的白话译本，特别是古典文学作品，因为白话译文一定会破坏原作的美感和精妙之处。不过《周髀算经》这样的作品，本身没有什么文学性，白话译文倒也还可以网开一面。

我也一向躲避为中国古籍做白话译文的活儿，因为这种活儿吃力不讨好，而且肯定是"累活儿"。搞过古籍注释的人都知道，对于古籍中的疑难之处，"注释"还有规避之法——最常见的办法是不注（假装认为此处不需要注释）；而白话译文却没有任何规避之法，除非你要无赖将这个词或这句话跳过不译。

正因为如此，本书是我唯一的古籍白话译文和注释本，除此之外我没有承担过任何同类的工作。接下《周髀算经》的译注，主要是却不过朋友的情面，另外也有一点不知天高地厚，虽然知道这是一桩累活儿，但认为也不会将自己累到哪里去。

我原以为也不过一两个月就能完成，但着手干才发现没有那么容易，结果干了整整半年才完成——那时我可还在"游手好闲"的状态中，"干了半年"就意味着整整半年工夫几乎全部花费在《周髀算经》上了。

我发现《周髀算经》这潭水其实也相当深，存在着许多问题，可以分成三类：第一类，一直无法解释的；第二类，流行的理解是错误的；第三类，至今还没有被学者注意到但对于正确理解《周髀算经》也是非常重要的。既然接下了这桩"累活儿"，而且白话译文又不允许任何规避，一字一句都要有着落，都要力求获得正确的、前后自洽、整体贯通的理解，才可能译出正确的白话，我就决定将所有前人已经涉及的问题，和我自己发现的问题，彻底清理一遍。这样埋头一搞，半年转瞬而逝。当然，事后回头一看，这桩"累活儿"终于顺利完成，自己也有了一些新的发现和心得，还是令人欣慰的。

当时我既然为《周髀算经》贡献了半年时间精力，如果仅仅完成本书，又觉得有点意犹未尽，于是选择自己觉得比较重要的一组发现，写了三篇论文，即《〈周髀算经〉——中国古代唯一的公理化尝试》（载《自然辩证法通讯》18卷3期，1996）、《〈周髀算经〉盖天宇宙结构》（载《自然科学史研究》15卷3期，1996）、《〈周髀算经〉与古代域外天学》（载《自然科学史研究》16卷3期，1997）。后来我陆续读到，同行对于这组系列论文和本书，都有过不少引用。

此次新版，文字内容和插图都没有改动。

江晓原

2015年1月4日

于上海交通大学科学史与科学文化研究院

古代周髀（即圭表）实物，1439 年制造，现保存于南京紫金山天文台

《周髀算经》新论

　　《周髀算经》，从古代中国天学史或文化史而言，都是一部奇书、谜书。作为自成体系且以完备面目呈现的数理天文学专著，《周髀算经》几乎可以说是古代中国唯一的一部；与中国历史上其他天学书相比，它也极可能是最早的一部——即使不考虑书中所托引的遥远年代，仍是如此。千百年来，学者们对《周髀算经》做了大量注释、猜测、考证和研究，众说纷纭，各有异同。直到如今，对于治古代科学史 – 文化史的人来说，《周髀算经》仍是一部难读之书，然而同时又是一部不可不读之书。

1．全书结构、成书年代及版本源流

A．全书结构

　　《周髀算经》全书可分为 17 节（本书译文与原文每节开始都在括号中标明序数，节与节之间空一行排印），这 17 节又可分为两大部分。

　　第一部分篇幅甚短，仅为卷上开首的第（1）节，内容为周公与商高的对话。商高向周公介绍了勾股定理在勾三、股四、弦五时的特例，以及这一定理在实际测量中的广泛应用。这一部分是全书以下部分所涉及的各种测量的理论依据，同时也是相对而言较为独立的部分。

第二大部分包括了全书其余的 16 节，形式上是荣方与陈子的对话，陈子向荣方叙述整个盖天学说。这又可以被分成一些节群，依顺序略述如次：

第（2）节，陈子开始讲述盖天学说之前的序幕或开场白，这一节里陈子反复向荣方强调类推的重要意义。

第（3）（4）节，建立盖天数理宇宙模型，包括天地形状、总尺度等，并表明这一模型可以根据用周髀（八尺之表）进行的一些基本测量建立起来。

第（5）（6）节，讲述七衡六间体系及其结构与数据。

至此卷上终了，卷下接着讲述下去。上、下卷之间并无什么内容或结构上的分卷依据，大体上只是考虑到全书篇幅而分的。

第（7）节，用盖天模型说明昼夜成因。

第（8）节，专论通过夜间观测北极星而确定"北极璇玑"的尺度。

第（9）节，用盖天模型说明季节成因及大地上南北寒暑之异。

第（10）节，通过测量二十八宿建立天球上的地平坐标系统。

第（11）（12）（13）节，在盖天模型中讨论太阳的周年视运动。包括利用地平坐标描述太阳升落方位的周年变化、通过七衡六间体系计算两分两至点距北极的距离，以及二十四节气的周髀晷影变化。

第（14）节，专论月球运动。

第（15）节，用八卦方位描述太阳升落方位的周年变化。

第（16）节，介绍一些能作为基本天文数据的公倍数的长周期。

第（17）节，讲述盖天学说中一些基本天文数据，如回归年长度、朔望月日数等是怎样通过观测计算得到的。

B. 成书年代

《周髀算经》开首处的周公与商高对话，曾使许多好古崇古之人相信，此书的历史可以追溯到商周之际（约公元前 11 世纪）。清代复古之风炽盛的时期，《御制数理精蕴》就将周公与商高对话诩为"成周六艺之遗文"（见本书附录Ⅱ），有的现代学者也相信这种说法，比如陈遵妫（［19］[i]，页 109）。但实际上周公、商高与荣方、陈子之类都只是托引，这种托引古人对话以陈述自己观点的做法在战国秦汉间著作中极常见，可以说是那个时代流行的行文方式或修辞手段。《周髀算经》的成书，则不可能早至商周之际。

托引古人对话既是战国秦汉间著作的习惯做法，则《周髀算经》中周公、商高、荣方、陈子诸人物的出现，反过来倒能提示其真实的成书年代线索。从文字风格上看，《周髀算经》也很像战国秦汉间的作品，与古奥的周代遗文（如《尚书》中所见的某些篇章）相去甚远。

钱宝琮曾考证《周髀算经》的成书年代。他的方法是，将《周髀算经》《淮南子·天文训》及刘歆的《三统历谱》（见《汉书·律历志》）三者进行比较；由于后两者的成书年代是确定无疑的——《淮南子》成书于西汉初年，《三统历谱》成于西汉末，就有可能通过比较有关内容的异同而推断前者的成书年代。钱宝琮发现如下六条证据：

---

[i] 方括号中的数字表示本书第五部分"参考文献"中所列文献的序号。

1.《周髀算经》与《淮南子·天文训》都论述"天圆地方"。

2.《周髀算经》与《淮南子·天文训》都有"日影千里差一寸"之说（关于此事详见本书新论第 2 节 B）。

3.《周髀算经》与《淮南子·天文训》都有利用表竿测量日出日入方位以确定东西南北准确方向的方案。

4. 关于太阳在冬至、夏至、春分、秋分四时刻于恒星间所处的位置，《周髀算经》所载依次为牵牛、东井、娄、角四宿，与《三统历谱》相符；而《淮南子·天文训》所载则不同。以岁差原理推算之，发现《淮南子·天文训》所载在年代上略早。

5.《周髀算经》与《淮南子·天文训》在二十四节气及晷影推算方面，都不精确。

6.《周髀算经》分一日为 12 时，以地支纪之，称时曰："日加某支"，这种称呼方法与《三统历谱》相同，而在《淮南子》《吕氏春秋》《史记·历书》等书中都未曾出现。

据以上所述，钱宝琮得到结论：

> 余考《周髀》所详天体论、测望、星象、历法诸大端，多与《淮南子·天文训》相近。撰书时代当为略后，而相去不远。（［9］）

也就是说，《周髀算经》成书于公元前 100 年左右。这是目前较为可信的结论。

此外，也有将成书年代定得更早的，比如李俨、陈遵妫倾向于认为《周髀算经》"约为战国前著作"（［19］，页 109—110），但证据不够充分。

在谈论古籍的成书年代时，有一点必须特别注意，即一部古籍的成书年代是一回事，书中所反映的内容出于什么年代又是另一回事——比如《周髀算经》中的天文、数学知识完全有可能来自更早以前。举例来说，《周髀算经》中出现了勾三、股四、弦五的勾股定理特例，但我们并不能由此推断说，中国人直到《周髀算经》成书时才刚刚认识到这一特例。这一特例完全有可能在此前很早就已被认识到了。对于《周髀算经》中的许多天文学说及测量技巧，也可作如是观。至于《周髀算经》中的天文、数学知识究竟是什么时代的产物，则必须依靠其他方面的史料进行考证和推测。这牵涉到广泛的科学和文化历史背景，不是仅仅依靠《周髀算经》一书本身所能完成的。

C．版本源流及校勘注释

《周髀算经》一书，在中国历史上第一部书目《汉书·艺文志》中并未出现。但这显然并不足以证明班固写《汉书》时还没有《周髀算经》这部书。现存年代确切可考而在班固之前的古籍，不见于《汉书·艺文志》著录的例子不一而足。事实上，班固当然不可能将当时天下书籍收录到一无遗漏的地步。

现在所见关于《周髀算经》其书的最早记载，见于《宋书·天文志》所引东汉灵帝时大学问家蔡邕的上书：

> 论天体者三家：宣夜之学，绝无师法；《周髀》术数具存，考验天状，多所违失；惟浑天仅得其情……

可见在东汉时，《周髀算经》已作为盖天学说的著作流行于世。

《周髀算经》原名《周髀》。它在唐代以前的流传情形，现在只能借助史志书目来了解。《隋书·经籍志》著录有如下三种：

《周髀》一卷（赵婴注）

《周髀》一卷（甄鸾重述）

《周髀图》一卷

而在《新唐书·艺文志》中则有：

赵婴注《周髀》一卷

甄鸾注《周髀》一卷

李淳风释《周髀》二卷

在唐代，朝廷在国子监设立"算学"课程，所选用的教材有十部算经，即著名的《算经十书》，《周髀》作为其中之一，从此也就改名为《周髀算经》。

现在传世的《周髀算经》文本中附有赵爽、甄鸾、李淳风三家的注释，这显然是上述《新唐书·艺文志》著录的三种著作结合而成。关于赵婴与赵爽是否为同一人，历来有一些争议。从已有各种证据来看，还是以理解为同一人较为稳妥。此外又有赵爽与赵君卿是否为同一人的问题。在传世《周髀算经》序言中，署名"赵君卿"，而在正文的注释中，注释者总是自称"爽"；在序言中也曾出现过"爽以暗蔽"的话，足证赵爽与赵君卿确为同一人——姓赵，名爽，字君卿。

赵爽是什么时代的人，也有问题。明刊本《周髀算经》卷首题"汉赵君卿注"，据此则赵爽似为汉代人；然而赵爽在注文中提到《乾象历》，而《乾象历》系由东汉末年时人刘洪于公元206年撰成，于223—280年间由三国东吴政权颁行使用，这样赵爽最早也只能是东汉末至三国时人。此外对于赵爽的生平履历和生卒年代等情况，学者们至今未能确切考证出来。

关于赵爽对《周髀算经》所做的注释工作，钱宝琮有过非常确切的评述：

> 赵爽对于《周髀》原著作了忠实的注解，并且援引了《淮南子·天文训》、张衡《灵宪》、刘洪《乾象历》，以及《易·乾凿度》《河图·括地象》《尚书·考灵曜》等纬书来证实《周髀》的说法。赵爽补绘了"日高图"和"七衡图"，并加以说明，使《周髀》作者的盖天说昭然若揭，这对于后世的读者是大有裨益的。赵爽又撰"勾股圆方图"说一篇附于《周髀》首章的注中。在这短短五百余字的文章中，勾股定理，关于勾、股、弦的几个关系式，以及二次方程解法都得到了几何证明。([1]，页5—6)

确实，在《周髀算经》传世之本的赵爽、甄鸾、李淳风三家注中，无疑要数赵爽注贡献最大——赵爽注以阐明原著学说之本意为目的，而甄鸾注仅为补充算草，李淳风注则重在批评原著的错误不足之处（况且有些批评也并不完全正确）。

甄鸾，字叔遵，仕于北周，官至司隶校尉、汉中太守。原为道教徒，后来叛道而皈依佛门，卷入当时佛、道两教的激烈争论中，作有著名的《笑道论》，攻击道教甚力。但其人同时又是具有相当造诣的天算学家，曾撰《七曜本起》三卷，已佚失；又曾编制《天和历》（又名《甲寅元历》），于北周天和元年（566 年）颁行。他对《周髀算经》所作的注，几乎全是对原书中数学计算补充运算过程。《周髀算经》原书中所涉及的数学运算，不外加减乘除四则运算（多用分数形式），这些如改用现代的数学表达方式，并无深奥复杂之处。但甄鸾的注文纯用文字表达，极为烦琐冗长，令人难以卒读。而且还弄出不少错误来，更与他的天算家的名声不大相称。故甄鸾的注文到今天已经没有多少价值了。

李淳风（602—670 年），中国历史上著名的天文学家和星占学家之一。他曾于贞观七年（633 年）造成新的浑仪，有许多革新与创造，并撰《法象志》七篇评论前代浑仪得失。贞观十五年（641年）李淳风任太常博士，三年后官至太史丞，七年后升为太史令，在此期间他为《晋书》和《隋书》撰写了《天文志》和《律历志》，并会同梁述、王真儒等人注释《算经十书》——对《周髀算经》的注释就是这项工作的一部分。李淳风又造《麟德历》，于麟德二年（665 年）颁行。此外他的《乙巳占》一书是中国古代最重要的星占学专著之一。李淳风对《周髀算经》的注释主要是试图对原书及赵爽注中的错误之处进行纠正，他的意见大部分是正确的，以现代眼光来看，尽管有些局限不足之处不可取，但对于古人却也不宜苛责过甚（参见新论第 2 节 A）。

《周髀算经》自唐代归入《算经十书》之后，流传渐广。至北宋元丰七年（1084 年），秘书省刊刻《算经十书》。这个刻本又在南宋嘉定六年（1213 年）由鲍澣之翻刻（参见本书附录 I）。

明代刻印丛书成为风气。万历年间胡震亨刻《秘册汇函》，收入《周髀算经》，在赵爽、甄鸾和李淳风三家注外又加入唐寅注。

但唐寅注量很少，质也不高，没有什么价值。这个版本卷首题有"明赵开美校"，但赵开美当时用什么版本做工作底本，校勘了哪些内容，现在都已不得而知。《秘册汇函》本《周髀算经》现在仍有传世之册，近年且有新的影印本（上海古籍出版社，1990），但据钱宝琮的意见，这个版本中的错误文字比南宋翻刻本更多（[1]，页7），因而算不上善本。

《秘册汇函》本虽非善本，却衍生出传世《周髀算经》版本中最大的系统。此本问世之后不久，著名的汲古阁主人毛晋又刻一部丛书名《津逮秘书》，其中也收《周髀算经》，只是《秘册汇函》的翻刻本，但将卷首的"明赵开美校"字样改作"明毛晋校"。此后清人所刻的几部丛书，如《古今图书集成》、嘉庆年间张海鹏刻《学津讨原》、光绪年间朱记荣刻《槐庐丛书》，以及近代商务印书馆的《四部丛刊》、中华书局的《四部备要》等，其中收入的《周髀算经》都以赵开美校本为蓝本。

清代乾隆年间编《四库全书》，《周髀算经》也在收纳之列，由此产生了一个较好版本。《四库全书总目》在《周髀算经》的提要（见本书附录Ⅱ）标题下注云："《永乐大典》本"。《永乐大典》为明代初年所编的巨型类书，其中许多古籍都是全书收入，因而保存的宋元版本的古籍甚多。其中的《周髀算经》是什么来源，因《永乐大典》的散佚已无法考知。但当年四库全书馆臣们还能见到颇为完整的《永乐大典》，因此四库全书馆的纂修官之一、著名学者戴震参据《永乐大典》本以校订明代刻本，并将明刻本中的唐寅注删除，完成了一个《周髀算经》的新版本，即后来习称的《四库全书》本，或戴震校本。稍后的《武英殿聚珍版丛书》，亦收有《周髀算经》，即据《四库全书》本排印（木活字）。武英殿本后来又有浙江、江西、福建等地的翻印本，以及商务印书馆《丛书集成》中的铅字排印本（1937）。

清乾隆三十八年（1773年）曲阜孔继涵又刊行一种《算经十书》。他自序中称"今得毛氏汲古阁所藏宋元丰京监本七种"，而《周髀算经》为其中之一，似乎他的《周髀算经》直接来自北宋刻本。但实际上这是孔氏欺人之谈，他所依据的其实还是戴震校本（[1]，页8；[9]，页121）。孔继涵所刊世称微波榭本，名声颇大，后来翻刻、翻印它的有同治年间梅启照重刻本、光绪年间上海鸿宝斋石印本、刘铎《古今算学丛书》本和商务印书馆《万有文库》本。这仍可归入《四库全书》戴震校本的系统之内。

《周髀算经》的版本，除上述明赵开美校本、清戴震校本两大系统外，南宋翻刻本一脉也不绝如缕。南宋鲍澣之翻刻本到明代晚期仅著名戏曲家李开先家中藏有一部，至清代康熙年间，此本又归于汲古阁主人毛晋之子毛扆。岁月沧桑，几经易主，这部南宋刻本竟至今仍保存于世——现藏上海图书馆。当年毛扆因见此本古雅精美，乃"求善书者刻画影摹，不爽毫末"，复制成一影抄本。这一影抄本后来流入清宫内府，成为"天禄琳琅阁"藏书之一，也有幸保存至今——现藏故宫博物院。故宫博物院曾于1931年影印《天禄琳琅丛书》，其中的《周髀算经》底本即毛扆的影抄宋本。

在各种古代版本的基础上博采众长而成的现代《周髀算经》版本，为钱宝琮校点《算经十书》本，1963年由中华书局出版。钱宝琮为著名数学史专家，对《周髀算经》一书及书中的盖天学说有过长期而深入的研究。他的校点本中还特别吸收了晚清两位名家在《周髀算经》校勘方面的成果：一是道光年间顾观光所撰《〈周髀算经〉校勘记》，其中对原书中文义难通之处的字句校正了28条；二是光绪年间著名经学家、文字学家孙诒让的学术笔记《札迻》卷十一中，对《周髀算经》原文、赵爽注和李淳风注中的 16 条校勘。再加上钱宝琮自己的研究、考证所得，以及早先赵开美、戴震所校，共校勘 140 余处；再将传本插图中与原文及赵爽注不相配合者重新绘制，形成了《周髀算经》迄今最完善的版本。

2. 《周髀》宇宙模式及今人的重大误解

A. 认为《周髀》"自相矛盾"

在《周髀算经》所述盖天宇宙模式中，天与地的形状如何，现代学者们有着普遍一致的看法，这里举叙述最为简洁易懂的一种为例，作为这种看法的代表：

> 《周髀》又认为，"天象盖笠，地法覆盘"，天和地是两个互相平行的穹形曲面。天北极比冬至日道所在的天高 60000 里，冬至日道又比天北极下的地面高 20000 里。同样，极下地面也比冬至日道下的地面高 60000 里。（［20］。［16］和［19］的页 136 中都持完全相同的看法。）

然而，同样普遍一致的，这种看法的论述者总是同时指出：上述天地形状与《周髀算经》中有关计算所暗含的假设相互矛盾。仍举一例为代表：

> 天高于地八万里，在《周髀》卷上之二，陈子已经说过，他

假定地面是平的；这和极下地面高于四旁地面六万里，显然是矛盾的。……它不以地是平的，而说地如覆盘。([19]，页136)

其实这种认为《周髀算经》在宇宙模式中天地形状问题上自相矛盾的说法，早在李淳风为《周髀算经》所作的注文中就已发端。李淳风认为《周髀算经》在这一问题上"语术相违，是为大失"([1]，页28)。

但是，所有持上述说法的论著，事实上都在无意中犯了一系列不太容易发现的疏忽。从问题的表层来看，这些疏忽似乎只是误解了《周髀算经》原文语句，以及过于轻信前贤成说而递相因袭，未加深究。然而再往深一层看，何以会误解原文语句？则原因很可能是对《周髀算经》体系中两个要点的意义认识不足，这两个要点是："日影千里差一寸"和"北极璇玑"。以下先依次讨论这两个要点，再分析对原文语句的误解问题。

B. "日影千里差一寸"及其意义

在《周髀算经》中，陈子向荣方陈述盖天学说，劈头第一段就是讨论"日影千里差一寸"这一公式，见卷上第（3）节：

夏至南万六千里，冬至南十三万五千里，日中立竿无影。此一者天道之数。周髀长八尺，夏至之日晷一尺六寸。髀者，股也。正晷者，勾也。正南千里，勾一尺五寸。正北千里，勾一尺七寸。

这里一上来就指出了"日影千里差一寸"。参看本书第三部分的图3：日影，指正午时刻八尺之表（即"周髀"——注意，这种情况下不是指书名）在阳光下投于地上的影长，即图3（见本书93页）中的 l，8尺之表即 h，当

$$h = 8 \text{ 尺}$$

$$l = 1 \text{ 尺 6 寸}$$

时，向南16000里处"日中立竿无影"，即太阳恰位于此处天顶中央，这意味着：

$$L = 16000 \text{ 里，或 } H = 80000 \text{ 里}$$

这显然就有：

$$\frac{L}{l} = \frac{16000 \text{ 里}}{1 \text{ 尺 6 寸}} = \frac{1000 \text{ 里}}{1 \text{ 寸}}$$

即日影千里差一寸。接着又明确指出，这一关系式是普适的——从夏至日正午时 $l = 1$ 尺6寸之处（即周地），向南移1000里，日影变为1尺5寸；向北移1000里，则日影增为1尺7寸。这可以从图3中看得很清楚。此外，由图3中的相似三角形，显然还有：

$$\frac{L}{l} = \frac{H}{h} = \frac{1000 \text{ 里}}{1 \text{ 寸}}$$

在上式中代入 $h = 8$ 尺，即可得：

$$H = 80000 \text{ 里}$$

这就是下文将要谈到的天与地相距八万里。见于原文第（3）节：

> 候勾六尺……从髀至日下六万里而髀无影。从此以上至日，则八万里。

即在图 3 中令

$l = 6$ 尺

$L = 60000$ 里

$h = 8$ 尺

仍由上式即可得 $H = 80000$ 里。日是在天上的，故从地"上至日"80000 里，自然就是天地相距 80000 里。这个关系式其实无论 l（勾、日影、晷影）是否为 6 尺都能成立，《周髀算经》之所以要"候勾六尺"，是因为它只掌握勾股定理在"勾三股四弦五"时的特例，所以需要凑数据以便套用这一特例——勾 6 尺即表至日下 60000 里，天地相距 80000 里，从表"邪至日"100000 里，正是 3、4、5 的倍数。

《周髀算经》明确建立"日影千里差一寸"关系式之后，马上将其应用范围加以拓展，其第（4）节云：

> 周髀长八尺，勾之损益寸千里。……今立表高八尺以望极，其勾一丈三寸。由此观之，则从周北十万三千里而至极下。

在这里日影已经不再是必要的了，只需将图 3 中的 S 点（原为太阳所在位置）想象为北极位置，就可一目了然，现在

$h = 8$ 尺

$l = 1$ 丈 3 寸

$L = 103000$ 里

"勾之损益寸千里"的关系式仍可照用不误。在《周髀算经》下文对各种问题的讨论中，这一关系式多次被当成已经得到证明的公式加以使用（注意始终必须在"正南北"方向上）。

但是有一点必须特别注意，就是：无论上引第（3）节还是第（4）节中所述"千里差一寸"的关系式，若要成立，还必须有一个暗含前提——天与地为平行平面。这在图3中是显而易见的，如果没有这一前提，上述各种关系式及比例、相似三角形等全都会无从谈起。

将天地为平行平面这一点视为不证自明的当然前提，要理解这一状况，对于现代人来说会比古人困难得多。因为现代人已有现代教育灌输的先入之见：大地为球形，所以现代人见到古人的这一前提，首先想到的是它的谬误。但古人对此却并无成见，他们很容易相信天与地是平行平面。这也就是《周髀算经》中"勾之损益寸千里"的说法在古代被广泛接受的原因——古人认为推出这一结论是显而易见、不容置疑的，下面举一些例：

> 欲知天之高，树表高一丈，正南北相去千里，同日度其阴，北表二尺，南表尺九寸，是南千里阴短寸，南二万里则无影，是直日下也。（《淮南子·天文训》）
>
> 日正南千里而（影）减一寸。（《尚书·考灵曜》）
>
> 悬天之景，薄地之仪，皆移千里而差一寸。（张衡《灵宪》）

这些说法只要看图3即可了然。当然，古人后来已知道"勾之损益寸千里"不符合观测事实，但这已是很晚的事了（参见本书附录Ⅶ）。在《周髀算经》成书以及此后相当长的时间里，古人对这一关系式看来并不怀疑。

不少现代论著也已经注意到《周髀算经》中"勾之损益寸千里"是以天地为平行平面作为前提的，但他们首先想到的是这个前提的谬误。这个前提当然是有谬误的。而著作家们在指出这"自然都是错误的"（[16]）之后，也就不再深究，转而别顾了。

其实应该讨论的是："勾之损益寸千里"这一关系式及其前提"天地为平行平面"在《周髀算经》所述盖天学说中的意义和地位。从前面对《周髀算经》全书结构的分析（新论第 1 节 A）已可看出，书中所述盖天学说是自成一个系统的。在这一系统中，"天地为平行平面"的前提占有什么样的位置？

在西方历史上，建立科学学说有所谓"公理化方法"（axiomatic method），意指将所持学说构造成一个"演绎体系"（deductive system），这种体系的理想境界，按照科学哲学家 J. 洛西（Losee）的概括，有如下三要点[ii]：

a. 公理与定理有演绎关系；

b. 公理本身为不证自明之真理；

c. 定理与观察结果一致。

其中 b 是亚里士多德（Aristotle）特别强调的。而欧几里得（Euclid）的《几何原本》被认为是公理化方法确立的标志——尽管尚未达到理想境界。但由于天文学这一学科的特殊性，应用公理化方法时会有所变通，J. 洛西又说：

> 在理论天文学中，那些遵循着"说明现象"传统的人采取了不同态度。他们摒弃了亚里士多德的要求——为了能说明现象，只要由公理演绎出来的结论与观测相符即可，这样，公理本身即

---

ii　J. Losee: *A Historical Introduction to the Philosophy of Science*, Oxford University Press, 1980, p.24.

使看起来是悖谬的，甚至是假的，也无关紧要。[iii]

　　也就是说，只需满足前述三要点中的 a、c 两点即可。这个说法是可信的，在西方天文学发展的历史上，亚里士多德所主张的水晶球模型，托勒密（Ptolemy）所设想的地心几何体系，以及中世纪阿拉伯天文学家种种奇思异想的宇宙几何模型，都曾被当时的天文学家当作"公理"（类似于现代科学家所谓的"工作假说"）来使用而不问其真假。

　　再回过头来看《周髀算经》中的盖天学说，就不难发现，"天地为平行平面"和"勾之损益寸千里"两者，正是公理和定理的关系，两者之间的演绎关系前面已详细讨论过，是显而易见的。而且，仔细体味《周髀算经》全书，"天地为平行平面"这一前提是被视为"不证自明之真理"的，或者说，是作为盖天学说系统的公理（亦即基本假设）之一的。

　　至于"天地为平行平面"并不符合事实这一点，也要从几方面去分析。第一，如上所述，从公理化方法的角度来看，即使它不符合事实也不会妨碍它作为公理的地位。当然，我们不能先验地断定《周髀算经》的作者一定会有与古希腊同行一模一样的思路，因此前者心目中"天地为平行平面"究竟真实与否、他想不想追究其真实性，我们都无从得知。我们所能确切知道的只是：他把"天地为平行平面"当作公理在《周髀算经》这一体系中使用了。第二，符合事实与否，也是一个历史性的概念。我们今天知道这个前提不符合事实，当然不等于《周髀算经》时代的人也知道它不符合事实，

---

iii　同前引书，pp.25–26。

这是很容易理解的。

剩下的问题是"定理与观察结果一致"的要求。我们现在当然知道，由公理"天地为平行平面"演绎出来的定理"勾之损益寸千里"与事实是不一致的。演绎方法和过程是无懈可击的，但因为引入的公理错了，所以演绎的结果与事实不符。但对于这一问题，也要从两方面来分析。第一，演绎结果与事实一致仍是一个历史性概念，我们今天确知"勾之损益寸千里"与事实不一致，但在古人测量精度很差的情况下（比如无法准确测量"正南北"千里这一数量，等等），或许看起来在相当程度上还能与事实相合呢。第二，也是更重要的，"天地为平行平面"不符合事实并不妨碍它在盖天学说体系中作为公理的地位；同样，演绎出的结果与事实不符，说明《周髀算经》所构造的演绎体系在描述事实方面是不成功的，但这并不妨碍它在结构上确实是一个演绎体系。

于是我们知道，"勾之损益寸千里"是《周髀算经》所述盖天学说体系中的一条重要定理，这条定理的背后是盖天学说体系中的基本公理（axiom）之一"天地为平行平面"——这一点对于我们后面讨论盖天宇宙模型究竟是什么形状，具有极其重要的意义。

C．"北极璇玑"究竟是什么

解决《周髀算经》中盖天宇宙模型天地形状问题的另一关键是所谓"北极璇玑"。这个"北极璇玑"究竟是什么？在现有的几种论著中，对此莫衷一是。钱宝琮赞同顾观光之说，认为"北极璇玑也不是一颗实际的星"，而是"假想的星"（[16]）。陈遵妫则明确表示：

"北极璇玑"是指当时观测的北极星……《周髀》所谓"北极璇玑",即指北极中的大星,从历史上的考据和天文学方面的推算,大星应该是帝星即小熊座 β 星。([19],页137—138)

但是,《周髀算经》谈到"北极璇玑"或"璇玑"至少有三处,而上述论述都只是针对其中一处所作。对于其余几处,论著者们通常完全避而不谈——不得不如此,因为在"盖天宇宙模型中天地为双重球冠形"的先入之见框架中,对于《周髀算经》中其余几处关于"璇玑"的论述,根本不可能做出解释。如果又将思路局限在"北极璇玑"是不是实际的星这样的方向上,那就更加无从入手了。

《周髀算经》中直接明确谈到"璇玑"的共三处,依次见于卷下第(8)(9)(12)节,先依顺序录出如下:

欲知北极枢,璇玑四极。常以夏至夜半时北极南游所极,冬至夜半时北游所极,冬至日加酉之时西游所极,日加卯之时东游所极,此北极璇玑四游。正北极枢璇玑之中,正北天之中。正极之所游……(以下为具体观测方案)

璇玑径二万三千里,周六万九千里。此阳绝阴彰,故不生万物。

牵牛去北极……术曰:置外衡去北极枢二十三万八千里,除璇玑万一千五百里……东井去北极……术曰:置内衡去北极枢十一万九千里,加璇玑万一千五百里……

从上列第一条论述可以清楚地看到,"北极""北极枢""璇玑"

是三个有明确区别的概念。那个"四游"而画出圆圈的天体，陈遵妫认为就是当时的北极星，这个看法是正确的；但是必须注意，在原文中分明将这一天体称为"北极"，而不是如上引陈遵妫论述中所说的"北极璇玑"。而"璇玑"则是天地之间的一个柱形空间，这个圆柱的截面就是"北极"——当时的北极星（究竟是今天的哪一颗星还有争议）——做拱极运动在天上所画出的圆。至于"北极枢"，则显然就是这个圆的圆心，它才能真正对应于天文学意义上的北极。

在上面所作分析的基础上，我们完全不必再回避上引《周髀算经》第（9）（12）节中的论述了。由这两处论述我们可以知道，"璇玑"并非假想的空间，而是实际存在于大地之上的，正处在天上北极的下方，它的截面直径为23000里，这个数值对应于第（8）节中所述在周地地上测得的北极东、西游所极相差2尺3寸（参见本书图9），仍是由"勾之损益寸千里"推导而得。北极之下大地上的这个直径为23000里的特殊区域在《周髀算经》中又被称为"极下"，这和"璇玑"的含意一样。

如果仅仅到此为止，我们对"璇玑"的了解仍是不完备的。所幸，《周髀算经》还有几处对这一问题的论述，可以帮助我们解破疑团。这些论述见于卷下第（7）节和第（9）节：

> 极下者，其地高人所居六万里，滂沲四隤而下……

> 极下不生万物。何以知之？……

于是又可知："璇玑"又指一个实体，它高达60000里，上端是尖的，以弧线向下逐渐增粗，至地面时，这一柱形物的底为直径

23000里；而在此69000里的圆周（《周髀算经》始终取 $\pi = 3$）范围内，如前所述，是"此阳绝阴彰，故不生万物"。

这里必须特别讨论一下"滂沲四隤而下"这句话。所有主张《周髀算经》宇宙模型中天地形状为双重球冠形的论著，几乎都援引"滂沲四隤而下"一语作为证据，却没注意到前面"极下者，其地高人所居六万里"这句话早已完全排除了天地为双重球冠形的任何可能性。其实这只需稍作分析就可发现。按照天地为双重球冠形的理解，大地的中央（北极之下）比这一球冠的边缘——整个大地的边界——高六万里；但这样一来，"极下者，其地高人所居六万里"这句话就绝对无法成立了，因为在球冠形的模式中，大地上比极下低六万里的面积实际上为零——只有球冠边缘这一线圆周如此，而"人所居"的任何有效面积所在，都不可能低于极下达六万里。比如，按照天地为双重球冠形模式，周地作为《周髀算经》作者心目中最典型的"人所居"之处，就绝对不可能低于极下六万里。

此外，如果接受双重球冠形模式，则极下之地就与整个大地合为一体，没有任何实际的边界可以将两者加以区分，这也是明显违背《周髀算经》原意的。如前所述，这本是一个直径23000里，其中"阳绝阴彰，不生万物"的特殊圆形区域。

至此，我们已可获得明确结论如下，在《周髀算经》中，"北极""北极枢""璇玑"分别指三个不同的对象：

"北极"，指现代天文学意义上的北极星，它绕着真正的北极旋转，每昼夜在天上画出一圆。

"北极枢"，"北极"在天上所画之圆的圆心，对应于现代天文学意义上的北极。

"璇玑"，在天上是指"北极"在空中所画的圆；但这个圆又垂直对应到大地之上，故"璇玑"又指矗立于"北极枢"正下方、垂直于平面大地的柱形体，此柱上尖下粗，其底面为一个直径23000里的圆，其高为60000里。在"璇玑"范围内，是"阳绝阴彰，不生万物"的阴寒死寂之地。

D.《周髀》盖天宇宙模型的正确形状

据本节 B、C 的讨论，我们其实已经知道，《周髀算经》中所述盖天宇宙模型的基本格局是：天与地为平行平面，在北极下的大地上矗立着高60000里、底面直径为23000里的上尖下粗的"璇玑"。这里需要补充的细节只剩下两点：

一是天在北极处的形状。地在北极之下处有矗立的"璇玑"，天在北极也并非平面，《周髀算经》卷下第（7）节对此叙述得很明白：

> 极下者，其地高人所居六万里，滂沲四隤而下，天之中央亦高四旁六万里。

也就是说，天在北极处也是有柱形向上耸起的，其形状也与地上的"璇玑"一样。这一结构已表示于本书图6中。图6为《周髀算经》盖天宇宙模型的侧视半剖面示意图，由于以北极为中心，这图形是轴对称的，故只绘出其一半即可。图中左端即"璇玑"的侧视半剖面。

二是天、地两平面之间的距离。在"天地为平行平面"的基本假设之下，从数学上来说，这一距离很容易利用表影和勾股定理推算而得。《周髀算经》卷上第（3）节中说：

> 从髀至日下六万里而髀无影。从此以上至日，则八万里。

推算之法参看本书图3及图5。日在天上，而天与地又为平行平面，故日与地的距离也就是天与地的距离。而《周髀算经》卷下第（7）节则说得更明白：

> 天离地八万里，冬至之日虽在外衡，常出极下地上二万里。

"极下地"即"璇玑"，它高出地面六万里。

图6所示的盖天宇宙模型既然处处与《周髀算经》原文文意吻合，在《周髀算经》的数理结构中也完全自洽可通，为何前贤却一直误认为是双重球冠形的天地呢？从问题的表层看，主要是误解了《周髀算经》卷下第（7）节中的八个字：

> 天象盖笠，地法覆槃。

"槃"即"盘"。这八个字是双重球冠形说最主要的依据。而实际上，根据这八个字就将盖天宇宙模型设想为双重球冠形，显然是站不住脚的。首先，笠和盘在古时就是球冠形吗？这一点并无证据。相反，我们可以看见有些现代的笠是一个平面，中心耸起一圆锥形；日常生活中的盘也以平的形状居多。然而更重要的是，"天象盖笠，地法覆槃"八字，只是文学性的比喻，正如赵爽在此处的注文所说：

> 见乃谓之象，形乃谓之法。在上故准盖，在下故拟槃。象法

义同，盖袈形等。互文异器，以别尊卑；仰象俯法，名号殊矣。

赵爽强调盖、盘只是比拟。特别注意，"盖"指古时的车盖，这在留存至今的大量汉代画像砖上经常可见——它们几乎无一例外都是平面形状，从未出现过球冠形的。

再退一步说，即使"天象盖笠，地法覆槃"八字真可理解为球冠形（事实上毫无根据），这样一句文学性的比喻，至多也只是表示大致的形状，其重要性根本无法和《周髀算经》整个体系及它的数理结构相提并论。前面的讨论已经表明："天地为平行平面"是《周髀算经》整个体系的基本假设，在全书的数理结构之中，这是一个必不可少的前提。

再回到本节开头所提到的那种认为《周髀算经》中天地形状与其数学计算假设"自相矛盾"的说法。

我们现在已经充分表明，这种所谓的"自相矛盾"事实上并不存在，它只是人们对原书文句的误解，以及分析时的疏忽所造成的。关于盖天宇宙模型中的天地形状，《周髀算经》全书是前后一致而且自洽的——天与地为圆形平行平面（直径810000里），在中心处耸起着高60000里、直径23000里的"璇玑"，其侧视半剖面如本书图6所示。

3. 《周髀》中若干天文学问题

A. 周髀晷影

《周髀算经》全书中讲到的各种天文观测，竟然都是依靠同一种仪器来完成的，而且这种仪器简单之至——只是一根长八尺的竿，垂直立于地面而已。这仪器在《周髀算经》中有时就称为"竿"，有时又称为"周髀"，但大多数情况下称为"表"。由于测量时要看它在阳光下投在地面上的影长（也可利用系在它顶端的细绳，对太阳以外的天体如恒星等进行观测，由人目、表顶、天体的三点一线，也能获得地面上的"影长"，参看本书图9、图10），而影与表身正成直角，于是可以利用勾股定理，将地面之影称为勾，将表本身视作股。"周髀"之名即由此而来：髀就是股，而股代表八尺之表，故"周髀"意即"周地之表"；因为全书中的测量，都是假定在周地（绝大部分情况下可以理解为洛邑）进行的。地面之影在书中有时称为"影"，有时又称"晷影"，但最全面的称呼是"勾"，如"候勾六尺""勾之损益寸千里"等，因为这包含了被测天体为太阳和为恒星等的各种情况，而"晷"或"晷影"是专指太阳投下的表影而言的。

《周髀算经》中所用的这种八尺之表，后世长期沿用。考虑到地面上的影长需要精确读取，后来就将一把水平的尺（上有刻度）与表制作成一体，这水平尺称为"圭"，整个仪器就称为"圭表"。这样，使用起来就更方便，只要将圭放在正南北方向，直接读取圭面上的表影长度即可。这种圭表实物，目前尚有遗存。比较著名的有江苏仪征东汉墓出土的小型铜圭表，以及现仍保存在南京紫金山天文台上的明代大型青铜圭表。前者因形制甚小，有学者认为可能是随葬明器，并非实际使用之物。后者在清代曾被改造，加高了原表，使之成为 10 尺，又在圭的北端加了"立圭"，但仍不失为古代中国圭表的典型代表。

《周髀算经》中的八尺之表虽然简单，却有许多妙用，书中至少论述了如下七种：

测太阳远近及天高。见第（3）节。

测北极远近。见第（4）节。

测"璇玑四游"。见第（8）节。

测二十八宿。见第（10）节。

测算二十四节气。见第（13）节。

测回归年长度。见第（17）节。

测定东西南北方向。见第（8）（9）节。

上列七种测量中，后三种很容易理解，可不必多论；第四种将于本节C中讨论；前三种则都与"勾之损益寸千里"的定理有关。对于这一定理的由来及其意义，已在新论第2节中详细讨论过，下面就该定理与实际情况之间的矛盾再作一些补充。

"勾之损益寸千里"是在"天地为平行平面"的前提下导出的，而天与地实际上并非平行平面，所以这个公式是错误的。但古代中国人并未发展出古希腊人那样的球面天文学（直到今天仍被全世界天文学家普遍使用着），也未掌握球面三角学的有关公式，因此难以很快发现"勾之损益寸千里"的错误。新论第2节B中所列几种文献的说法，都赞同并使用着这一公式，而那几种文献是被公认为其年代在《周髀算经》之后的。

在中国历史上，盖天说与浑天说两家有过竞争，结果是浑天说大占上风，成为占绝对统治地位的天文学说。但是这并不是说浑天学说没有从它的竞争对手那里借鉴或继承过任何东西，例如，错误的"勾之损益寸千里"公式就被浑天家接受了。按照当代流行的说法，这一公式作为浑天学说中最后一条盖天说"痕迹"，直到唐代开元十二年（724年）才被清除。这一年在一行领导下，南宫说等人在河南省的滑县、浚仪（今开封）、扶沟、上蔡四处测量了夏至日正午的表影，并用绳丈量了上述四处相互间的距离，结果发现"勾之损益寸千里"的公式与实测结果相去颇远。例如，从上蔡向北至滑县（两城在同一经度上，这就恰好符合"正南北"的要求），距离为 526.9 里，而日影已差 2.1 寸，足见"勾之损益寸千里"公式之错误。

其实，在进行这种大规模实地测量之前，也早已有条件检验上述公式了。因为古代中国的天文观测记录素称完备，早在南宫说等人进行测量之前，历代王朝都曾在不同地点测过夏至日（或冬至日）晷影之长，并记录在案。将这些记录进行排比、分析，已足以看出"勾之损益寸千里"公式与实际测量结果明显不符。李淳风在《周髀算经》注文中已经做了这项工作，时间在南宫说等人测量之前约一个世纪。李淳风的注文见本书附录Ⅶ。

B. 《周髀》对日高、日径的测算

《周髀算经》卷上第（3）节中论述了对太阳远近（距周地的直线距离）和太阳直径的测量及计算。前者也是在"天地为平行平面"的基本前提之下进行的，参照本书图 3，很容易理解。这里值得一提的是，赵爽在此节注文中又提出了一个新的测定太阳远近的方案，具体做法是在不同地点立两个表，在同一时刻观测日影，结果也能求得同样数据。这个方案详见本书图 5 及注（24）[此类注（24）指"《周髀算经》原文与注释"后注释编码，后同]。这两个方案都需要以大地为平面作假设，但图 3 的方案还必须设定 H 和 L 中的某一个值（比如设定 $H = 80000$ 里，又，接受"日影千里差一寸"公式，也可起到同样作用）；而图 5 方案只需知道表影之长 G_1 和 G_2，以及两表之间的距离 L，而这三个值都可由实测获得，无须设定。故图 5 的方案显然更先进一些。但《周髀算经》原文中并未出现此方案。当然，这两个方案所测得的太阳远近（距周地距离为 100000 里），都与真实情况相去甚远。毕竟太阳距离我们太遥远了，上述测量方案施之于测山高之类固然可行，但施之于太阳系这样古人根本无法想象的巨大尺度，就完全无能为力了（首先地平假设就根本不可取，其次观测精度也远远不够）。

然而，《周髀算经》对太阳视直径的测算，竟与实际情况相比差不多。这一测算方案详见本书图 4，利用一根长 8 尺而孔径恰为 1 寸的竹管，从管中窥测日面，日轮恰好占满全孔，于是推得：

$$\frac{\text{竹管长度}}{\text{管孔直径}} = \frac{8\,\text{尺}}{1\,\text{寸}} = 80 = \frac{\text{太阳远近}}{\text{太阳直径}}$$

因前面已求得太阳远近为 100000 里，由此求得：

$$\text{太阳直径} = \frac{100000\,\text{里}}{80} = 1250\,\text{里}$$

这当然与实际情况相去甚远——太阳远近之值太小了。但值得注意的是，《周髀算经》在上述一系列比率关系中，实际上已无意中求得了太阳视直径之值。根据图 5，设太阳视直径为 ds，则有：

$$ds = 2 \tan^{-1}\left[\frac{\frac{1}{2}\,\text{寸}}{8\,\text{尺}}\right] = 42'59''$$

注意这个数值与太阳平均角直径的实际值（用现代天文学方法测定）

$$ds = 31'59''$$

相比，只大了 11′，确实可算作古代一个很精确的值了。例如，与古希腊的类似工作相比，萨摩斯的阿里斯塔克（Aristarchus of

Samos，约公元前310—前230年）采用的值是：

$$ds = 2°,$$

到阿基米德（Archimedes，约公元前286—前212年）乃采用

$$27' < ds < 33'$$

之值。将《周髀算经》之值置于其间，也可以无多愧色。《周髀算经》以如此粗陋的测算方案，竟能获得这样一个不太差的值，原因在于，这一方案中，一部分误差可以相互抵消，从而使精度不致太差（［21］）。

不过我们也应该特别指出，在《周髀算经》作者心目中，看来并没有 ds 这一数值的概念，他只是无意中获得（严格地说，甚至不一定能使用"获得"这个字眼）此值的，这一点与古希腊天文学家的数值相比，其意义有很大差距。

C．《周髀》的恒星天球坐标

《周髀算经》卷下第（10）节专门论述一种恒星天球坐标系统及其测定之法。也是利用表竿来进行，以求测定二十八宿各宿距星之间的距度。这个方案从操作上说是可行的，尽管精确度绝对不会高。但这里有两个问题需要特别注意。

首先，《周髀算经》方案所依据的基准面是地平面，因此这样获得的恒星坐标，从天文学上来说属于地平坐标系，而不是古代中国传统的赤道坐标系。由于地平坐标的基准面是观测者当地的地平面，随着地理纬度的变化，其基准面也随之变化，因而此坐标系中的天体坐标也要变化。地平坐标系的这一性质，决定了各种记录天体位置的星表是不能采用这一坐标系的。然而成问题的是，《周髀

算经》中试图测定的二十八宿各宿距星之间的距度，恰恰正是一份记录天体位置的星表，故从现代天文学常识来看，《周髀算经》中上述测定方案是失败的。

其次，进一步的研究表明，《周髀算经》上述在地平坐标系中测定二十八宿距度的方案虽然是不可取的，但在书中提供的唯一一个数据实例——牵牛之宿距星的距度（亦即牵牛距星与女宿距星之间的距度）为 8°，却是一个有正确意义的数值。按照《周髀算经》的方案，用现代方法推算，牵牛距度应该只有 6°；而 8° 则是在赤道坐标系中牵牛距度应有之值。按《周髀算经》的方案，不可能测量出赤道坐标值，那么这个 8° 从何而来呢？对此，薄树人有一个很好的解释：

> 无法测量赤经差，却又说出了一个测量的结果，而且是和实际赤经差相符的结果，这个奇妙的情况说明，在《周髀》的作者面前，这个结果早就已经有了，所欠缺的只是方法。因此，他只能在自己的理论体系下设想出一个地平测量的方法来顶替。（[20]）

这个推测是有道理的。后面还要谈到一些例子，都表明《周髀算经》的作者在构造他的天文学体系（包括观测方案在内）时，早已有一些现成的数据，作者竭力将这些数据容纳进他的体系之中，有时候不免出现破绽和矛盾。但我们决不能想当然地对《周髀算经》作者的这种努力一味贬斥——从科学史-科学哲学的角度来看，这种努力有其积极意义（参见新论第 6 节）。

D．七衡六间图

《周髀算经》卷上第（6）节专论七衡六间图及其绘制时的尺寸、比例等。七衡六间图，或简称七衡图，图形可参见本书图8。各种版本中的七衡图多出于后人补绘，最原初的图形究竟如何，现在已经难以确知。但从《周髀算经》原文文字的叙述看，图8的图形还是大体与原意吻合的。所谓七衡六间，指图形中的七道同心圆，它们之间等距离地形成六条间隔。《周髀算经》用七衡六间图来定量地描述太阳的周年视运动：日道每年夏至时从内衡出发，逐渐向外移动，至秋分时到达中衡，至冬至时到达外衡；再从外衡向内回归，至次年春分时又至中衡，至夏至时回到内衡。每年都如此循环往复。

用七衡图描述太阳周年视运动，在相当程度上是成功的。当然也有不合理之处，比如，由本书图6可知，内衡的直径为238000里，外衡的直径为此值的两倍，即476000里，这样，外衡的周长就是内衡的两倍，也就是说，冬至时太阳的速度（线速度）必须是夏至时的两倍，这当然不符合事实。不过这个问题从理论上来说并不至于像有些论著中所指责的那样严重，因为如站在极下的位置来看，太阳在任何一衡上的角速度都是一样的。况且，我们不能忘记，即使在现代的行星椭圆运动模式中，依据面积定律，地球绕太阳的周年运动（在《周髀算经》的作者看来也就是太阳在七衡上的周年运动）中，线速度也是变化的，而且也是在冬至前后速度快、夏至前后速度慢。总之，对古人之说，重要的是将其置于历史发展的背景中去加以评价，而不宜苛责过甚。

从图8看，七衡图的结构义理并不复杂，《周髀算经》原文中所述也很简单明白。然而在原书第（6）节开头"七衡图"三字之下，却有赵爽的一段长注，其中所述要复杂得多，这段注文如下：

> 青图画者，天地合际，人目所远者也。天至高，地至卑，非合也，人目极观而天地合也。日入青图画内谓之日出，出青图画外谓之日入。青图画之内外皆天也。北辰正居天之中央。人所谓东、西、南、北者，非有常处，各以日出之处为东，日中为南，日入为西，日没为北。北辰之下，六月见日，六月不见日。从春分至秋分，六月常见日；从秋分至春分，六月常不见日。见日为昼，不见日为夜。所谓一岁者，即北辰之下一昼一夜。

> 黄图画者，黄道也，二十八宿列焉，日月星辰躔焉。使青图在上不动，贯其极而转之，即交矣。我之所在，北辰之南，非天地之中也。我之卯酉，非天地之卯酉。内第一，夏至日道也。中第四，春秋分日道也。外第七，冬至日道也。皆随黄道。日冬至在牵牛，春分在娄，夏至在东井，秋分在角。冬至从南而北，夏至从北而南，终而复始也。

这里引人注目的是分别描述了"青图画"与"黄图画"，这显然是两幅不同的图。钱宝琮认为，这说明"周髀原有的七衡图不仅仅是一张平面图，而是用两幅图画叠合组成的"，并且推断七衡图"就是后世天文家参考用的盖图"（［16］）。又《晋书·天文志》说：

> 晋侍中刘智云："颛顼造浑仪，黄帝为盖天。"然此二器皆古之所制，但传说义者，失其用耳。昔者圣王正历明时，作圆盖

以图列宿。极在其中，回之以观天象。分三百六十五度四分度之一，以定日数。日行于星纪，转回右行，故圆规之，以为日行道。欲明其四时所在，故于春也，则以青为道；于夏也，则以赤为道；于秋也，则以白为道；于冬也，则以黑为道；四季之末，各十八日，则以黄为道。

这种盖图，又与赵爽所言者不同。由于盖图实物并无留存，赵爽所说的"青图画"与"黄图画"，既无实物，后人也难知其详。不过这里可以顺便提到，设计、绘制各种能反映天象的活动图盘，一直是现代业余天文爱好者乐此不疲的课题之一。这些图盘往往需要两个以上配合使用，通过转动而演示不同的天象。近年这种图盘还有获得国家专利、正式出版印制出售者。谁说这些图盘中没有一点古时盖图的遗意呢？

E. 二十八宿与黄道

二十八宿系统的起源问题，一直是中外学者聚讼不决的大谜案。之所以不易获得定论，主要的原因是留下的历史资料太少，使问题无法获得确定答案，而各种大胆想象也就有了竞相驰骋的广阔余地。因此，进一步搜寻新的有关史料，显然是将这一课题向前推进所需做的必不可少的努力。《周髀算经》中就有一条重要史料，却似乎从未见前贤注意及此。

要论定二十八宿是起源于中国，还是起源于巴比伦、印度、波斯，需要确定其年代；要确定其起源的年代，重要的方法之一是根据星象用天文学原理推算，而这就需要知道二十八宿在初建立时是以黄道为基准还是以赤道为基准。由于中国传统天文学在它确立之后一直采用赤道坐标系统，所以后世留下的二十八宿坐标都是赤道坐标，这使得许多人想当然地认为二十八宿从一开始就是以赤道为基准的。然而事实未必如此，例如，就二十八颗距星的分布而言，与黄道的吻合情况明显优于赤道：胃宿距星的赤纬达 27° 多，尾宿距星的赤纬更达 –37° 有余，而各距星的黄纬则绝无如此之大的数值。[iv] 而在《周髀算经》原文及赵爽注中，我们可以看到二十八宿被明确视为沿着黄道分布的。

《周髀算经》卷上第（4）节中云：

> 月之道常缘宿，日道亦与宿正。

对此赵爽注云：

> 内衡之南，外衡之北，圆而成规，以为黄道。二十八宿列焉。月之行也，一出一入，或表或里，五月二十三分月之二十而一道一交，谓之合朔交会及月蚀相去之数，故曰"缘宿"也。日行黄道，以宿为正，故曰"宿正"。

上面所说的"黄道"，是否与现代天文学中的黄道概念相当？从上下文来分析，无疑是相当的——黄道本来就是根据太阳周年视运动的轨迹定义的。于是可知：《周髀算经》的作者以及为之作注

---

iv　江晓原：巴比伦——中国天文学史上的几个问题，《自然辩证法通讯》，12 卷 4 期（1990），页 40—46。

的赵爽，都认为二十八宿是列于黄道的，或者说，是以黄道为基准的。

上述结论，还可以在赵爽注文中发现另一处表述，即前引《周髀算经》第（6）节"七衡图"下的赵爽注，其中也非常明确地说："黄图画者，黄道也，二十八宿列焉，日月星辰躔焉。"日月所躔，当然是黄道（严格地说，月球运行的是白道，与黄道有5°左右的小倾角，但古人论述时也常不作区分）。

所以我们可以得到结论：

在汉代及此前，至少有一部分中国天文学家认为二十八宿是沿着黄道分布，即以黄道为基准的。

F．两分两至点与北极的距离

《周髀算经》卷下第（12）节，迄今仍是一个未解之谜。这一节中，用了很长的篇幅依次推算牵牛、娄、角、东井四宿（应该理解为此四宿所代表的两分两至点，因为按《周髀算经》的说法，此四宿依次是冬至、春分、秋分、夏至时太阳所在的位置）与北极的距离，实际上也就是七衡六间图中外衡（冬至日所在）、中衡（春、秋分日所在）、内衡（夏至日所在）与北极的距离。之所以成为谜，是因为《周髀算经》对这些数据的推算过程和出发点都是荒谬的，在天文学原理上是讲不通的，然而所推得数据却又与现代天文学中两分两至点距北极的距离非常吻合。

《周髀算经》先将内衡周长（357000里）以周天度数 $365\frac{1}{4}$ 度去除，得到所谓"内衡一度数"，再用"内衡一度数"依次去除外衡半径（要先减去"璇玑"半径 11500 里）、中衡半径、内衡半径（要先加上"璇玑"半径），所得即依次为牵牛、娄与角、东井距北极的度数。这样的推算方法，从天文学原理来说，完全讲不通，迄今为止也没有人能指出这样推算究竟依据什么义理。

然而，按照《周髀算经》的宇宙模型，外衡、中衡、内衡分别为冬至、春秋分、夏至日道，因此牵牛、娄与角、东井距北极的度数，确实能与现代天文学中冬至、春秋分、夏至点的意义相对应。《周髀算经》用荒谬步骤推算而得的三个数据，换算成 360° 圆周的分划法，可列出如次：

冬至日道距北极：114° 2′ 52″

春秋分日道距北极：90°

夏至日道距北极：65° 57′ 8″

可以从好几个角度证明上述三个数值本身非常符合现代天文学的结论。例如，以上列第二值减第三值，或第一值减第二值，都可得到一个最基本的天文数据，称为黄赤交角，通常用希腊字母 ε 表示：

$$\varepsilon_{周髀} = 24° 2′ 52″$$

而《周髀算经》时代的真实黄赤交角值可以用纽康（S. Newcomb）公式逆推而得，根据我们在新论第 1 节 B 中所采纳的《周髀算经》成书年代——约公元前 100 年，就有：

$$\varepsilon_{100B.C.} = 23° 27′ 8.26″ - 46.845″ \, T$$

上式只保留了纽康公式中的一次项（高次项的精度在这里没有意义），T 的单位是百年。由于纽康公式以 1901 年为起算原点，故上式中的 T 应取 −20，代入即得：

$$\varepsilon_{100B.C.} = 23° 42′ 45″$$

将 $\varepsilon_{周髀}$ 与此值相比,仅差 20′ 7″,可以算非常准确了。

荒谬的、错误的推算方法,为何竟能得出有意义的、非常准确的数值呢?从结论看来只能是:《周髀算经》中这些数值是当时已有的,而推算方法则是作者胡乱编凑的。这样推测不是没有根据的,因为如上所述,中国天文学家早已能够获得相当精确的 ε 值。

G. 日照十六万七千里

《周髀算经》卷上第(4)节中说:

日照四旁各十六万七千里。

又说:

人所望见,远近宜如日光所照。

这是说,太阳光芒向四周照射的极限距离达到 167000 里,而人极目远望所能达到的极限距离也是同样数值。换言之,人看不到 167000 里之外的景物(注意《周髀算经》的天、地都是平面),太阳的光芒也照不到 167000 里之外。从结构上来看,这条原则应属《周髀算经》中的基本假设,或即公理。因为这条原则并不是导出的,而是设定的。

以往学者在这个问题上的研究,主要是试图根据《周髀算经》所交代的有关数学关系式,以说明此 167000 里之值因何而取。尽管各家的说明方案在细节上略有差异,但主要的结论是一致的,即认为这个数值是《周髀算经》作者为构造他的盖天宇宙模式而引入的，或者也可以说是凑出来的。但这里应该注意，拼凑数据固然难免脱离客观实际，然而我们不能不承认，这同时也是作者采用"公理化方法"（或者至少也是"准公理化方法"）构造盖天几何体系的必要步骤之一。而且我们还应注意到，《周髀算经》引入167000里这个值之后，在"说明现象"上确能取得相当程度的成功，正如程贞一、席泽宗所指出的：

> 由这光照半径，陈子模型（按：即指《周髀算经》中的盖天宇宙模型）大致上可解释昼夜现象及昼夜长短随着太阳轨道迁移的变化。……同时也可以解释北极之下一年四季所见日光现象。（[21]）

这个结论是正确的。在那个时代的中国，能构造出这样一个几何模型，并能大致上解释实测结果，已是难能可贵了。

不过，若仔细分析起来，则《周髀算经》假定日照极限167000里之后，其宇宙模型中仍不无捉襟见肘之处。最明显的一个例子是春、秋分日的日出方位。在这两天，太阳从正东方升起，在正西方落下，但依据《周髀算经》的几何模型和日照167000里的设定，则太阳将从周地的东北方升起而至西北方落下，明显违背了观测事实[参见本书图7及注（34）（35）]。对于这一破绽，《周髀算经》采取缄口不言的回避之法。而同时，它能够正确地推导出，冬至日那天在周地正东西方向见不到太阳[仍参见图7及注（34）]，它就明白写道："冬至之日正东西方不见日。"如果调整167000这一设定数值，就可以在春、秋分日日出方位上自圆其说；

但这样一来冬至日出方位就要出问题。这就是《周髀算经》在引入"日照十六万七千里"时的捉襟见肘之处。类似的例子还有几处（详细情况可参见［20］及［16］）

H. 《周髀》的宇宙边界

《周髀算经》中的盖天宇宙模型是一个有限宇宙：天、地均为圆形的平行平面，中间相距 80000 里；而这两个大圆形的直径为 810000 里。这个数值在《周髀算经》中属于导出数值，而非设定者。这都是就结构形式而言的，至于在写书之前，作者心中哪些数据是设定的，哪些数据是有待导出的，今人当然无法得知，因为任何数据都是可以编凑的，所以我们显然只能根据书中所实际呈现出来的结构形式进行分析。新论第 2 节中所讨论的"勾之损益寸千里"关系式，也应作如是观。

关于宇宙直径为 810000 里，《周髀算经》中有两处相似的推导。一处见卷上第（4）节近结尾处：

　　冬至昼，夏至夜，差数所及，日光所逯观之，四极径八十一万里，周二百四十三万里。

另一处见卷上第（6）节中：

　　日冬至所照，过北衡十六万七千里，为径八十一万里，周二百四十三万里。

这两处推导，参看图 6 就很容易明白：冬至日道是太阳自身走得最远处（以北极为中心），此日道的半径为 238000 里，太阳在此处又可将其光芒向四周射出 167000 里，两值相加，得到 405000 里，这是宇宙的半径，所以宇宙直径为 810000 里。注意，这里宇宙直径是在前面设定的日照 167000 里之上导出的。

宇宙为直径 810000 里的圆周，那么在此之外是什么？《周髀算经》的作者已经虑及这一问题，卷上第（6）节中云：

> 过此而往者，未之或知。或知者，或疑其可知，或疑其难知。此言上圣不学而知之。

作者对宇宙边界之外是什么，表示存疑的态度，而不进行武断，这是十分明智的做法。

上引这段《周髀算经》的论述，其语气很容易使人联想到汉代张衡所作《灵宪》中的一段话：

> 过此而往者，未之或知也。未之或知者，宇宙之谓也。宇之表无极，宙之端无穷。

注意《灵宪》"宇宙"二字的用法与我们所习惯的用法不同，它是用"宇宙"来指称天地边界之外的情形；但从"宇之表无极，宙之端无穷"来看，在用来指"时空"这一点上倒又与现代的用法吻合——至于宇宙究竟有限还是无限，那是另一问题。

《周髀算经》和《灵宪》对于它们各自所构建的迥然不同的天地结构之外的情形，都表示"过此而往者，未之或知"（注意连语句都一字不异！）。盖天家和浑天家的经典著作在这一问题上采取几乎完全相同的立场，是值得思考研究的。这里我们只是提请注意，古人虽然用"宇宙"一词来指时空，这一点与今天的用法相同；但古人心目中的"宇宙"，究竟是他们的天地结构，还是这结构之外的"未之或知"的情形，或者是不是现代天文学家们在浩瀚太空中不断扩展着的视界，都还尚无定论，需要在各种具体情况下仔细辨析。

4. 《周髀》中的勾股定理问题

A. 特例还是普适情形

《周髀算经》原文中有两处直接讲到勾股定理。第一处即全书第（1）节中商高对周公谈到矩时所说：

> 故折矩以为勾广三，股修四，径隅五。既方其外，半之一矩。环而共盘，得成三、四、五。两矩共长二十有五，是谓积矩。

矩的形状及有关情况可参见本书图 1 和注（6），由于矩的基本形状是一个直角三角形，故上述引文无疑是陈述了勾股定理在直角三角形三边之长分别为 3、4、5 时的特例：

$$3^2 + 4^2 = 5^2$$

第二处见卷上第（3）节：

候勾六尺……从髀至日下六万里而髀无影。从此以上至日，则八万里。若求邪至日者，以日下为勾，日高为股。勾、股各自乘，并而开方除之，得邪至日，从髀所旁（即前文之邪，音、义俱同斜）至日所十万里。

参看本书图 3，很容易明白这段论述正是勾股定理的一次具体应用。但是显而易见，这次仍是直角三角形三边之长为 3、4、5 时的特例（只是乘以系数 2，成为 6、8、10 而已）。这样看来，许多学者认为《周髀算经》中出现的勾股定理是特例，确属有据可信。

然而，也有一些学者对此另有异议，他们认为《周髀算经》中的勾股定理不限于 3、4、5 的特例，而是普适的。主要理由是：书中有三处使用了能由勾股定理算出的数据，而这三处所涉及的数值不满足 3、4、5 的比例。对此需要稍作讨论。

这三处数值集中见于卷上第（4）节中，依次列出如下：

夏至之日正东西望，直周东西日下至周五万九千五百九十八里半。冬至之日正东西方不见日，以算求之，日下至周二十一万四千五百五十七里半。

从周……（至宇宙边界——日照极限处）东西各三十九万一千六百八十三里半。

关于这些数据的推算细节及意义，详见本书图 7 和注（33）（34）（37）。其中前两个数值已于图 7 中由线段表示，即：

$ZS_X \approx 59598.5$ 里

$ZS_D \approx 214557.5$ 里

第三个数值所代表的线段在图 7 中未绘出，但原理与前两个一样，只需将半径为 R_D 的外衡圆周代之以半径为 405000 里的宇宙边界圆周，再将线段 ZS_D 延长至与此大圆周相交即可，Z 与此交点之间的长度即 391683.5 里。

由图 7 清楚可见，上述三个数值确实需要使用勾股定理才能算得，而且其中数值明显不成 3、4、5 的比例。因此认为《周髀算经》中有普适的勾股定理的主张，也有道理。

但是我们必须加以辨析的是，《周髀算经》中明确陈述的勾股定理，确实只有 3、4、5 的特例，即见于第（1）节和第（3）节中的两处；而另一方面，它虽在第（4）节中使用了普适情形的勾股定理，却根本未将之明确陈述出来。此外，我们还必须注意，无论是勾股定理的普适情形还是特例，《周髀算经》原书中都未对之做出证明——对普适情形的证明是赵爽在为《周髀算经》所作注文中完成的（详情参见本书附录Ⅲ、Ⅳ）。

最后还可以指出，像《周髀算经》中这样在陈述勾股定理时仅限于 3、4、5 的特例，并非绝无仅有的罕见现象，本书附录Ⅵ就提供了一个古罗马著作中的相同例证。

B．勾股定理可否称为"商高定理"

西学东渐之后，中国人知道勾股定理在西方被称为"毕达哥拉斯（Pythagoras）定理"。看到中国"古已有之"的定理以西人命名，一些中国人心中感到不平。在 20 世纪 20 年代，有的中学数学教科书中就赫然将"毕达哥拉斯定理"改称为"商高定理"，理由是商高既与周公对话，必为周公同时代人，则年代早于毕达哥拉斯数百年。到50年代，在特定的时代氛围中，不少人更以激情谈学术，纷纷旧话重提，主张将勾股定理"正名"为"商高定理"。其流风余韵，至80年代仍可偶尔一见。

这个问题应该如何看待？其实，早在1929年，数学史专家钱宝琮就已有极好的论述：

> 今人撰算书称勾股定理，不曰毕达哥拉斯定理，而曰商高定理，以尊重国学，意至善也。余则以为算学名词宜求信达。周公同时有无商高其人、《周髀》之术，姑不具论；借曰有之，亦不过当时知有勾三、股四、弦五之率耳，不足以言勾股通例也。中国勾股术至西汉时《周髀算经》撰著时代始有萌芽，实较希腊诸家几何学为晚。题曰商高，似属未妥。（［9］）

六十余年过去，上引钱宝琮的论述仍是完全正确的。事实上，将这个定理称为勾股定理是最为稳妥的——既简洁明了，又避免了无谓的发明人之争，而且仍不乏中国特色。当然，人们没有任何理由强求西方人改变他们对这一定理的习惯称法。

5．《周髀》中有无外来影响

A．盖天宇宙与古印度宇宙惊人相似

由前面的论述，我们已经知道《周髀算经》中的盖天宇宙有着如下特征：

一、大地为圆形平面；

二、大地中央矗着高高的柱形物（"璇玑"）；

三、该宇宙模型的构造者为自己居息之处确定了在圆形大地上的位置，并且这位置不在中央而是偏南；

四、大地中央的柱形延伸至天处为北极；

五、日、月、星辰在天上环绕北极做圆周运动；

六、太阳在这种圆周运动中有着多重同心轨道，并以半年为周期（一年往返一遍）做规律性轨道迁移；

七、太阳的上述运行模式可以在相当程度上说明昼夜成因和太阳周年视运动中的一些天象。

我们可以发现，上述七项特征竟与古代印度的宇宙模型全都吻合！这样的现象恐怕不是偶然的，值得加以注意与研究。

古代印度的宇宙模型，主要保存在一些《往世书》（Purānas）中。《往世书》是印度教的圣典，同时又是古代史籍，带有百科全书性质。它们的确切成书年代难以判定，但其中关于宇宙模式的一套概念，学者们相信可以追溯到吠陀时代——约公元前1000年之前，因而是非常古老的。《往世书》中的宇宙模式可以概述如下[v]：

> 大地像平底的圆盘，在大地中央耸立着巍峨的高山，名为迷卢（Meru，也即汉译佛经中的"须弥山"，或作Sumeru，又译成"苏迷卢"）。迷卢山外围绕着环形陆地，此陆地又为环形大海所围绕……如此递相环绕向外延展，共有七圈大陆和七圈海洋。

---

v　D. Pingree: History of Mathematical Astronomy in India, *Dictionary of Scientific Biography*, Vol.16, New York, 1981, p.554.

印度位于迷卢山的南方。

在与大地平行的天上有着一系列天轮，这些天轮的共同轴心就是迷卢山，迷卢山的顶端就是北极星（Dhruva）所在之处，诸天轮携带着各种天体绕之旋转；这些天体包括日、月、星辰……以及五大行星，依次为水星、金星、火星、木星和土星。

利用迷卢山可以解释黑夜与白昼的交替。携带太阳的天轮上有180条轨道，太阳每天迁移一轨，半年后反向重复，以此来描述日出方位角的周年变化。……

又唐代释道宣《释迦方志》卷上也记述了古代印度宇宙模型，细节上恰可与上引记载相互补充：

……苏迷卢山，即经所谓须弥山也，在大海中，据金轮表，半出海上八万由旬，日月回薄于其腰也。外有金山七重围之，中各海水，具八功德。

据上引这些记载，古代印度宇宙模型与《周髀算经》盖天宇宙模型确有惊人的相似之处，在细节上几乎处处吻合：

两者的大地与天都是圆形的，且都为平行平面；"璇玑"和迷卢山同样扮演了大地中央的"天柱"角色；周地和印度都被置于各自宇宙中大地的南半部分；"璇玑"和迷卢山的正上方都是各种天体旋转的枢轴——北极；如果说迷卢山外的"七山七海"在数字上使人联想到七衡六间的话，那么印度宇宙中太阳天轮的180条轨道无论从性质还是功能来说都与七衡六间完全一致（太阳在七衡之间的往返也是每天连续移动的）。特别值得指出的是，《周髀算经》中天与地的距离是八万里，而迷卢山也是高出海上"八万由旬"，同为八万单位，真是巧合之至。

在人类发展史上，文化的多元自发生成是完全可能的，因此许多不同文明中的相似之处也可能是偶然巧合。但《周髀算经》中的盖天宇宙模型与古代印度的宇宙模型实在太相似了，从整个格局到许多细节，都一一吻合，如果仍用"偶然巧合"去解释，那就显得实在太勉强了。然而我们如果因此就一头陷入"谁来源于谁"的考证之中去，那又会远远超出本书的范围。所以在这里仅限于将这一问题提请注意。

B．寒暑五带知识的来源

《周髀算经》中有相当于今人熟知的关于地球上寒暑五带的知识。这是一个非常令人惊异的现象，因为这类知识是以往两千年间中国传统天文学说中所没有，而且不相信的。

这些知识在《周髀算经》中主要见于卷下第（9）节：

> 极下不生万物。何以知之？……北极左右，夏有不释之冰。
> 中衡去周七万五千五百里。中衡左右冬有不死之草，夏长之类。此阳彰阴微，故万物不死，五谷一岁再熟。凡北极之左右，物有朝生暮获，冬生之类。

这里需要先作一些说明。上引第二则中，所谓"中衡左右"，赵爽注认为是指"内衡之外，外衡之内"；而由本书图 6 及图 8 显然可知，这一区域正好对应于地球寒暑五带中的热带（南纬 23.5°

至北纬 23.5° 之间）——尽管《周髀算经》中并无地球的观念。上引第三则中，说北极左右"物有朝生暮获"，这必须联系到《周髀算经》盖天宇宙模型对极昼、极夜现象的演绎描述能力：据前所述，"璇玑"的半径值为 11500 里，而"日照四旁"的极限为 167000 里，这样，由本书图 6 清楚可见，每年从春分至秋分期间，在"璇玑"范围内将出现极昼——昼夜始终在阳光之下；而从秋分至春分期间则为极夜，因为阳光在此期间的任何时刻都照射不到"璇玑"范围之内。也就是赵爽注文中所说："北极之下，从春分至秋分为昼，从秋分至春分为夜。"故云"物有朝生暮获"，因为是以半年为昼，半年为夜。

上述《周髀算经》中关于寒暑五带的知识，其准确性是没有疑问的。然而，这些知识却并不是两千年间中国传统天文学中的组成部分。对于这一奇怪现象，可从几方面加以讨论。

首先，为《周髀算经》作注的赵爽，竟然就表示不相信书中这些知识。对于北极附近"夏有不释之冰"，赵爽注称："冰冻不解，是以推之，夏至之日外衡之下为冬矣，万物当死——此日远近为冬夏，非阴阳之气，爽或疑焉。"对于"冬有不死之草""阳彰阴微""五谷一岁再熟"的热带，赵爽表示"此欲以内衡之外、外衡之内，常为夏也。然其修广，爽未之前闻"——他从未听说过。我们从赵爽为《周髀算经》全书所作的注释来判断，他毫无疑问是那个时代够格的天文学家之一，为什么竟从未听说过这些寒暑五带知识？比较合理的解释似乎只能是，这些知识并非中国传统天文学体系中的组成部分，它们是新奇的，格格不入的，因而也是难以置信的。

其次，在古代中国居统治地位的天文学说——浑天说中，由于没有正确的地球概念，是不可能提出寒暑五带之类的问题的（[20]）。因此当明朝末年来华的耶稣会传教士在他们的中文著作中向中国读者介绍寒暑五带知识时，这被中国人目为未之前闻的新说。这类著作中最早的当推《无极天主正教真传实录》，1593 年刊行，其中论及大地为球形，南北半球各分为寒、温、热带，并有附图。影响最大的则当推利玛窦（Mathew Ricci）所撰《坤舆万国全图》，于 1602 年刊刻印行。稍后有艾儒略（Jules Aleni）作《职方外纪》（1623），所述较利氏之书更详。这些著作使明末清初的中国学者得知了地球寒暑五带之说。当清初"西学中源"思潮甚嚣尘上时，梅文鼎等人为寒暑五带之说寻找中国源头，找到的正是《周髀算经》——他们认为是《周髀算经》等中国学说在上古时传入西方，才教会了希腊人、罗马人和阿拉伯人掌握天文学知识。

现在我们的问题是，既然在浑天学说中因没有地球概念而不可能提出寒暑五带的问题，那么《周髀算经》中同样没有地球概念，何以能记载这些知识？如果说《周髀算经》的作者身处北温带之中，只是根据越向北越冷、越往南越热，就能推衍出北极"夏有不释之冰"、热带"五谷一岁再熟"之类的现象，那浑天家何以偏就不能？况且赵爽为《周髀算经》作注，他总该是接受盖天学说之人，何以连他都对这些知识不予相信？这样看来，我们有必要考虑这些知识传自异域的可能性。

大地为球形、地理经纬度、寒暑五带等知识，早在古希腊学者那里就已系统完备，一直沿用至今。五带之说在亚里士多德著作中已经发端，至"地理学之父"埃拉托色尼（Eratosthenes，公元前 275—前 195 年）的《地理学概论》中，已有完整的五带：南纬 24° 至北纬 24° 之间为热带，两极处各 24° 的区域为南、北寒带，南纬 24°—66° 和北纬 24°—66° 间则为南、北温带。从年代上来说，古希腊天文学家确立这些知识早在《周髀算经》成书之前。当然，我们尚不能由此就推断《周髀算经》中的寒暑五带知识必定是来自古希腊。这里仍仅限于将此问题提请注意。

C．坐标体系问题

以浑天学说为基础的传统中国天文学体系，完全属于赤道坐标体系。这个体系中，首先要知道观测地点所见的"北极出地"度数——也就是今天所说的地理纬度，由此建立起赤道坐标系。天球上的坐标系由二十八宿系统构成，在这系统中天体的位置由两个元素决定：入宿度和去极度，前者相当于现代的赤经差（因二十八宿的距星是标准星，它们的赤经是可以确定的），后者是现代赤纬的余角（即 90°−赤纬），两者在性质和功能上与现代的赤经、赤纬完全等价。与这赤道坐标系相适应，古代中国的测角仪器——以浑仪为代表——也全是赤道式的。中国传统天文学的赤道特征，引起近代西方汉学家的特别注意，因为发端于古希腊的西方天文学，两千年间一直是黄道体系，直到 16 世纪晚期才出现重要的赤道式天文仪器，这还被看作是丹麦天文学家第谷（Tycho Brahe，1546—1601 年）的一大发明。而在现代中外学者的研究中，传统中国天文学的赤道特征已是公认之事。

而在《周髀算经》一书中，我们却看不到这种赤道体系的特征。二十八宿是沿着黄道排列的（详见新论第 3 节 E），而测定二十八宿距星坐标的方案又是在地平坐标系中实施的（详见新论第 3 节 C）。

《周髀算经》在例举二十八宿距星测量结果时，袭用了一个赤道坐标值（牛、女两宿距星间的赤经差为8°）。当时既有这样的值可供袭用，而且这个值在以后的传统天文学体系中仍被长期沿用，足见当《周髀算经》成书时，以浑天学说为基础的中国传统天文学体系——该体系以赤道坐标系为其特征——至少已颇具规模。然而《周髀算经》的作者却详细陈述地平坐标系中的测量方案，而且似乎并不虑及这一方案与他所袭用的数值之间的明显矛盾。这一现象值得深思，在它背后可能隐含着某些重要线索。

　　从《周髀算经》全书来看，给人这样一种印象，作者似乎除了具有中国传统天文学知识外，还从别处获得了一些天文学知识；这些不知得自何处的新知识与中国传统天文学说不属于同一体系，然而作者显然又十分珍视这些新知识，因此他竭力糅合两者，试图创造出一种全新的天文学说。作者的这种尝试在一定程度上可以说是成功的——《周髀算经》确实自成体系，自具特色，尽管也不可避免地有一些破绽和矛盾之处。书中与中国传统天文学无法融合的成分，除本节所述宇宙模型、寒暑五带及坐标体系三方面外，还有两方面也值得特别注意，我们将从另一视角在下一节的 A、B 中加以讨论。

6．如何评价《周髀》的历史地位和意义

A．古代中国真正的数理天文学

　　《周髀算经》有一个现象值得注意：全书中完全没有提到行星和交食。在中国传统天文学体系中，对这两类天象的推算却占据

了大部分位置。因此，以后者的立场或眼光来看，《周髀算经》显然是本末倒置的，至少是很不完备的。对于这一点需要稍作深入讨论。

由常识可知，行星运动和日月交食（日食和月食）对于古代社会的日常生活和农业生产来说，根本不会发生任何物理意义的影响。对于太阳和月球运动而言，如果推求精度超出了一般安排历日、标明节气的需要，也就与日常生活及农业生产无关了（精确推求日、月运动是为预报交食服务，因而仍可归入推算交食的范围之中）。古人之所以孜孜不倦地研究行星运动和交食，主要是因为这些天象具有古人赋予它们的重大星占学意义，并能通过这些星占学意义对古代社会中的政治、军事等国家大事产生直接作用。[vi]

古代中国的历法体系，常被现代学者称为数理天文学。如从形式上说，这自然是不错的，历法确实是由数理天文学内容所组成；但从性质和功能方面加以考察，情况就不是这样了。现代意义上的天文学，其目的是解释自然、探索自然；然而古代中国的历法却另有其服务对象。最新的研究表明：古代中国的各种历法，通常都以其约95%的篇幅去研讨行星运动、交食推算等与日常生活及农业生产毫无关系的天象，目的是为皇家独占的星占学活动服务——提供预先推算天象的手段，以便及时做出预报、解释并安排相应措施。[vii]

回头再看《周髀算经》全书，与古代中国传统天文学的经典文献（其主体是收于历代官修正史中的天文志、律历志，以及单独流

---

vi 江晓原：《天学真原》，辽宁教育出版社，1991，页153—164。
vii 江晓原：《天学真原》，辽宁教育出版社，1991，页145，页151—167。

传的少数几部星占学专著）相比，《周髀算经》可算是唯一例外。绝口不言行星与交食，应该被视为它的高明之处——与星占学毫不沾边。书中对日、月运动的推求，也完全未超出安排历日、标明节气的范围。而作者的主要精力，则用在构建盖天宇宙模型上，其目的纯为解释自然，探索自然。因此，我们可以说，只有《周髀算经》才是古代中国纯洁的、当之无愧的数理天文学（mathematical astronomy）。

B. 公理化方法在古代中国的唯一实践

我们在前面（新论第 2 节 B）已经谈到过西方科学史上的公理化方法。这种方法用之于天文学，在古代，主要表现为构建宇宙（当然只是限于古人所知道的宇宙）的几何模型。从欧多克斯（Eudoxus）、卡利普斯（Callippus）、亚里士多德，到喜帕恰斯（Hipparchus），构建了一系列这样的模型，至托勒密而集前人之大成，他在《至大论》（*Almagest*）中构建的地心几何模型，成为古希腊天文学的最高代表，也成为公理化方法在天文学方面的典范。在近代哥白尼、第谷、开普勒（J. Kepler）等人的研究中，虽改为日心或半日心，但仍是几何模型。

由于古代中国的传统天文学几乎不使用任何几何方法或手段，而是依靠代数方法去描述或推算各种天象，因此常被称为"代数的"，与"几何的"西方古典天文学形成鲜明对比。这种说法确实有道理。占据统治地位的浑天学说，虽有一个"浑天"的大致图像（也只是用文字叙述出来），但其中既无明确的结构，更无具体的数理，甚至连其中的大地是何形状这样的基本问题都还令后世争论不休。即使与古希腊最早的几何模型——欧多克斯的同心球模型相比，它也无法同日而语。因此浑天学说虽然不失为一种初步的宇宙学说，却并不是一种宇宙的几何模型。事实上，古代中国天文学家心目中根本就没有几何模型这种概念，他们用代数方法也可以相当精确地解决各种天文学课题，而不需要从某个几何模型出发去作推理演绎；宇宙究竟是什么形状和结构这类问题，更可以放在一边。

但是，在这个问题上，《周髀算经》再次成为唯一的例外——《周髀算经》构建了古代中国唯一一个几何宇宙模型。这个盖天宇宙几何模型有明确的结构，有具体的、能够自洽的数理。作者使用了公理化方法，引入了一些公理（如天地为平行平面、"日照四旁各十六万七千里"等），并能在此基础上从几何模型出发进行有效的演绎推理，去描述各种天象。这应该说是一项了不起的工作。在《周髀算经》中，我们确实可以感觉到古希腊的气息。作者构建的几何宇宙模型虽然不及他的希腊同行那样精致和成功，但他毕竟在遥远的东方也尝试了，也实践了，这是意味深长的。可惜，这种气息自《周髀算经》之后就绝响了。[viii]

C. 关于"浑盖合一"论

浑天学说在古代中国长期处于统治地位，但盖天学说也并未销声匿迹，《周髀算经》一书流传至今，就是明证。而且《周髀算经》之外，还有与盖天说相类似的其他学说（[16]）。既然两说俱传，

---

viii 笔者1988年曾在宣城与李志超教授讨论有关《周髀算经》的问题，他有一个观点很值得重视：他认为他"在《周髀算经》中看到的不是一个时代的开始，而是一个时代的终结"。这大有深意。

就有人试图调和折中，于是有所谓"浑盖合一"论。

据现今所知，"浑盖合一"论最早发端于南北朝期间。阐述这种理论的人物，一为梁朝崔灵恩，一为北齐信都芳。《南史·崔灵恩传》记崔灵恩创论云：

> 先是，儒者论天，互执浑、盖二义，论盖不合浑，论浑不合盖，灵恩立义，以浑、盖为一焉。

信都芳则撰《四术周髀宗》，是一种通论浑、盖两说的著作，《北史·信都芳传》载其序中之论云：

> 浑天覆观，以《灵宪》为文；盖天仰观，以《周髀》为法。覆仰虽殊，大归是一。

不过上述两人的论著，都已失传，在后世也未留下什么影响，直到明末耶稣会士来华，传入西方的星盘（astrolabe），"浑盖合一"之论才又旧话重提。

星盘在古代西方，素为古希腊人、阿拉伯人及中世纪欧洲天文学家所习用。元朝的回回司天台中曾引入这种仪器。明末耶稣会士利玛窦来华，又携来星盘实物及讲述星盘的著作，李之藻向利氏学习了星盘的结构和使用方法，编译成《浑盖通宪图说》两卷（1607年刊行）。"浑盖通宪"是李之藻为星盘所起的名称。命名之义，他在《浑盖通宪图说》卷上"总图说第一"中说得很明白：

> 浑、盖旧论纷纭，推步匪异。爰有通宪，范铜为质，平测浑

天，截出下规，遥远之星，所用固仅倚盖，是为浑度盖模，通而为一。

李之藻在星盘的结构和原理中看到浑、盖学说的融合，这并非无稽之谈，钱宝琮认为：

> 可见"浑盖通宪"的天盘、地盘和《周髀》七衡图的黄图画、青图画，用意是相同的。但天盘上的赤道、黄道和所刻的星图，投影方法相当合理，地盘上有曲线作为观测对象出地、入地的界限，构造比《周髀》的七衡图精密得多（[16]）。

这个看法大体是可信的，尽管尚有待于更深入详细地考察和论证。另外，李之藻在《浑盖通宪图说》的序言中也提到了崔灵恩的"浑盖合一"论，但他并未像清代某些狂热的"西学中源"论者那样，把古代阿拉伯和欧洲使用星盘的天文学家硬派作崔灵恩的徒弟。

D. 关于"西学中源"论

所谓"西学中源"论，是主张西方的天文学（还有数学，后来又扩大到工艺、医学乃至各种社会科学）原是古时由中国传去的。这种论调发端于明末，盛行于清代上半叶，而有清一代始终流传不绝，鸦片战争后又出现过一次高峰。这种论调本质上是中国封建士大夫"天朝大国"心态在受到西方科学冲击时做出的保护性反应，此处不必深论。[ix] 然而，持此论者为西学所找的"源头"中，《周髀算经》竟占了颇为特殊的重要地位，这一点在此处却值得加以注意了。

"西学中源"论之集大成者为梅文鼎，其"西学中源"论主要见于他的《历学疑问补》卷一，此卷共收短文 12 篇，其中直接论述《周髀算经》为西学之源的有如下 8 篇：

《论西历源流本出中土即周髀之学》

《论中土历法得传入西国之由》

《论周髀中即有地圆之理》

《论浑盖通宪即古盖天遗法一》

《论浑盖通宪即古盖天遗法二》

《论浑盖之气与周髀同异》

《论周髀所传之说必在唐虞以前》

《论盖天之学流传西土不止欧逻巴》

梅氏这些论述，要点不外如下几端：西方天文学是周代中国的"畴人子弟"（天文、数学家）将周髀之学传去后发展起来的，所以西方天文学中的地圆、五带、星盘等皆可于《周髀算经》中找到渊源；《周髀算经》虽为周公所传，其实内中学问更可追溯到"唐虞以前"，即尧、舜时代或更早；不仅欧洲的天文学是出于周髀盖天之学，中世纪阿拉伯等民族的天文学也是同一来源。这些论点，几乎完全建立在臆想的基础之上，根本站不住脚，这在今天已无须置辩。

但是，为西学找源头，为什么偏偏找上了《周髀算经》中的盖

---

ix 江晓原：试论清代"西学中源"说，《自然科学史研究》，7 卷 2 期（1988），页 101—108。

天之学？这绝非偶然。我们前面已经指出，《周髀算经》中确实有着古希腊天文学的气息，而这种气息在浑天学说以及中国传统天文学体系之中是找不到的。另一方面，梅文鼎等人所见到的由西方传教士输入的欧洲天文学，又确实是在古希腊天文学基础上发展起来的。因此，"西学中源"论者将《周髀算经》说成西方天文学的源头固然不对，但他们意识到《周髀算经》与西方天文学有相通之处，毕竟也是有几分道理的。无论如何，到底没有人将《灵宪》或《浑天仪注》说成西学源头。

今天我们对中、西天文学的历史及其文化背景的了解，当然已不是昔年梅文鼎等人所能相比，那么在否定"西学中源"论之后，在《周髀算经》问题上，是否就应反其道而行之，主张"中学西源"论呢？以目前所掌握的证据而言，还不足以确立这样的结论。"源"的问题，暂时还是存疑为妥。

E．关于"浑盖优劣"论

盖天与浑天两种学说，当年也曾有过竞争和辩论，这方面最详细的个案当数记载在《隋书·天文志》中"扬雄难盖天八事"（对这场争论的评价可参见［16］）。但浑、盖之间的优劣，后来就相当明显了：由于在浑天的框架之内，可以建立行之有效的方位天文学，根据浑天原理而构造的仪器（浑仪、浑象）以及设计出来的观测方案，都能在很大程度上与实际符合，并且可以通过改进仪器部件及计算方法而增加这种符合的精确程度。总而言之，由于浑天学说更经得起实践的检验，因此它取得了统治地位。浑优盖劣，也就可以成为定论——当然这丝毫不影响我们从各种不同的角度对盖天学说的历史地位给以较高评价。

浑盖优劣问题本来是比较清楚的：浑优盖劣，是两千多年历史实践检验的结果；而今天我们用新的、更高的，或者说超脱于实际应用层面之上的眼光来看问题，当然可以超出"孰优孰劣"的简单模式，而发掘出更多的历史意蕴。但这只能是历史研究的进步和深入，而不是简单的"翻案"。

然而近十年来，围绕着《周髀算经》和盖天学说，一直有一个孤独的，但又极其执着的"翻案"声音。有一位学者坚决主张盖天说比浑天说优越（[22]），他为维护、宣传他的这一观点耗费了10年心血。但是我们不得不在此指出，由于在这一问题上激情甚于理性，他的结论是不容易令人信服的，而且《周髀算经》许多可贵之处，他又偏偏未能指出。他的观点几乎没有人全盘接受，他的"挑战"则始终处在无人应战的状况中。现在这位学者已归道山，他的有关论著也已问世，此事也就告一段落了。

《周髀算经》译文

赵君卿序

　　高而大者无过于天，厚而广者无过于地。天地之体恢宏而空旷，天地之形广远而幽清。可以借天象推算其运行，然而其广远无法了如指掌；可以用日晷浑仪测验其长短，然而其巨大尺度无法度量。即使出神入化、探微索隐，也不可能完全穷其奥秘。因此奇谈怪论出现，对立学说产生，于是有浑天、盖天两家学说并存。故要说能包容天地之道，显现天地之隐，则浑天说有《灵宪》之文，盖天说有《周髀》之法。历代相传，由官府执掌，用以敬祀上天，安排人间事务。赵爽禀赋愚钝，才疏学浅，仰慕前贤高行盛德，于谋生糊口之暇，权且研读《周髀》。发现其旨意简约而深远，论述婉曲而准确。深恐此书将来废弃湮灭，或者后人不能畅晓其精义，使讲求天学者无从效法。于是依据原文增绘图形，加以注释。希望能推倒高墙，披露堂奥，揭示书中精蕴，以期博学君子能对此常加深思。

卷上

　　（1）昔日周公问商高说："闻道大夫你善于数学，请问古时伏羲氏确立周天历度，然而天没有阶梯可升，地没有尺寸可量，不知数据从何而来？"

商高说："数之法出于圆方。圆出于方，方出于矩，矩出于二数相乘。在一个矩上，（直角的一边称为勾，）勾之长为3，（另一边称为股，）股之长为4，则其斜边之长即为5。矩也就是以勾、股之长为边的长方形的一半。矩的周长分别为3、4、5。勾与股长度的平方之和（即 $3^2 + 4^2$）为25，称为积矩。昔日大禹之所以由治水而治天下，是应用了勾股之术。"

周公说道："你对勾股之数的论述真是博大精深！请问何为用矩之道？"

商高回答说："平矩可以确定水平与垂直，偃矩可以测量高度，覆矩可以测深，卧矩可以测远，环矩可画圆，合矩则成方。[11]地禀方的属性，天具圆的属性，故有天圆地方之说。方之数为根本，由方可以出圆。若以斗笠近似比拟宇宙的形状，则天色青黑，地色赤黄。在此笠形宇宙中，青黑的天在上为表，赤黄的地在下为里，这就是天地之位。所以说，知地者为智，知天者为圣。智出于勾，勾出于矩。勾股之数用来描述世间万物的形态和关系，可以说是无所不能啊。"

周公赞叹道："善哉！"

（2）昔日荣方问陈子说："我闻道夫子你的道术，能知太阳的远近大小，还有日光普照所及的范围，太阳一日所行的远近度数，人目所能望见的宇宙极限，以及天上的星宿，天地的广袤……你的道术都能知晓，真是如此吗？"

陈子说："是的。"

荣方说："荣方虽然愚钝，却也希望有幸能了解这些道术——

你看像我这样的人还能授以这些道术吗？"

陈子说："可以的。这只需要基本的数学知识，我看你的数学基础足以了解这些道术了。你先自己去反复思索，或许就可领悟。"

于是荣方回去思索，好几日未得要领。又去见陈子，说道："荣方思索未能领悟，敢请夫子开导讲授。"

陈子说道："看来你还未能深思熟虑。其实基础也就是望远测高之术，而你不能领悟，看来你对数学还不能触类旁通，或许是智有所不及，而神有所穷。你所问的那些道术，原则简约而用途广泛，特别要求触类旁通的智慧。了解一类而能通晓万事，就是参悟了道术。你所学过的数学基础，本来就需要智慧，而你对参悟那些道术尚有困难，说明你的智慧还太单纯有限。须知道术之所以难通，就在于学了却不能广博，广博却不能熟练，熟练了却不能参悟精义。所以能否在相似的术中悟出共同原则，在同类的事中推得普遍规律，这是区别士人智或愚、贤或不肖的分水岭。所以能够类推演绎，是贤者习业臻于博大精深境界所必须具备的素质。同样习业，贤者能达到理想境界，不肖者就不能如此。我岂会向你隐瞒道术呢？你且回去再反复思索！"

荣方又回去思索了好几日，仍是不能领悟。于是再次去见陈子，说道："荣方确实已经尽力深思了，实在是智有所不及，而神有所穷，看来是无法自行参悟得了，还是请夫子开导讲授吧！"

陈子说："请坐，我告诉你。"

于是荣方坐下再次请教，陈子乃开始讲授他的道术。[16]

（3）从我们周地出发，夏至之日在向南16000里处，冬至之日在向南135000里处，日中时因太阳适在天顶而立表无影。这种测影表称为周髀，高8尺。夏至之日的正午，在周地的表影长1尺6

寸。周髀相当于股，其投影相当于勾。夏至之日如将周髀移至周地之南 1000 里处，则影长变为 1 尺 5 寸；若移至周地之北 1000 里处，则影长为 1 尺 7 寸。太阳越往南，则它在同一地投下的表影就越长。

等候一年中正午表影长 6 尺的日子，取长 8 尺、中间孔洞直径为 1 寸的竹管，从管中观察太阳，则日轮恰好填满管孔。由此可知太阳至观测者的距离与太阳直径之比等于竹管长度与竹管孔径之比，这个比率为 80 寸比 1 寸。[21]

此日从周地向南 60000 里则正在日下，日中立竿无影。太阳距日下处大地的垂直距离则为 80000 里。如欲求从周地至太阳的斜线距离，则以周地至日下的距离为勾，以太阳距地的垂直距离为股，将勾、股的平方之和再开平方，就得到斜线距离，即从周地至太阳的斜线距离为 100000 里。根据前面所说 80 比 1 的比率，对应于 100000 里距离的直径为 1250 里。所以说，太阳的直径为 1250 里。[24]

（4）一个基本法则是：周髀长 8 尺，在南北方向每移动 1000 里，则它投下的影长就增减 1 寸。北极，是天地广袤的表征，如果立 8 尺高的竿，以此来望北极，则其勾（不妨假想为北极投下的竿影）长 1 丈 3 寸，这样看来，从周地向北 103000 里就到极下了。

荣方问道："周髀到底是什么？"

陈子说："古时天子朝廷在周地，从此地用这种仪器进行观测，所以称为周髀。髀就是表（测影之竿）的意思。

"夏至日从周地往南 16000 里，冬至日往南 135000 里，日中无影。由此看来，从极下向南到夏至日中日所在地为 119000 里。[26]从极下向北到夏至日夜半日所在地也是同样距离。这个大圆周的

直径为 238000 里，这就是夏至日道的直径，此日道的周长则为
714000 里。(27) 从夏至日中日所在向南至冬至日中日所在，距离远
近为 119000 里，从此处向北至极下也是同样距离。那么从极下向
南到冬至日中日所在为 238000 里，从极下向北到冬至夜半日所在
也是同样距离。这一大圆周的直径为 476000 里，这是冬至日道的
直径，此日道的周长则为 1428000 里。从春、秋分日中日所在北至极
下为 178500 里，从极下北至春、秋分夜半日所在也是同样距离，春、
秋分日道直径为 357000 里，周长为 1071000 里。所以说，月球运
动的轨道总是沿着二十八宿，太阳周年视运动的轨道也以二十八宿
为准。(28) 由夏至日中日所在至北面冬至夜半日所在，以及由冬至
日中日所在至北面夏至夜半日所在，都可划出直径为 357000 里、
周长为 1071000 里的圆。

"春分日昼夜之交至秋分日昼夜之交，极下常有日光；秋分日
昼夜之交至春分日昼夜之交，极下常不见日光。所以春、秋分日昼
夜交替之时，日光所照恰至极下，这是阴阳区分之时。冬至和夏至，
是太阳运行轨道扩张和收敛的两极，也是昼夜长短变化的两极。春
分和秋分，阴阳之长短相等，也可比于昼夜之象——昼为阳，夜为
阴。从春分至秋分，阳气为主而呈现昼之象；从秋分至春分，阴气
当道而呈现夜之象。所以春、秋分日日中时太阳光照所及能北至极
下，春、秋分日夜半时太阳光照所及也能南至极下，这是昼夜区分
之时。所以说，日光照耀之所及，向四面八方各达 167000 里。(31)

"人的目光远望所及，其远近应该与太阳光照所及相同。这样，
从周地北望，能越过极下 64000 里，南望，越过冬至日中日所在
32000 里。夏至日的日中，日光南过冬至日中日所在 48000 里，南
过人目所能望见的极限 16000 里，北过周地 151000 里，北过极

下 48000 里。冬至日的夜半，日光所照极限向南不及人目所望极限 7000 里，不及极下 71000 里。夏至日的日中与夜半，日光所照能越过极下而相重合达到 96000 里；冬至日的日中与夜半，日光所照南北相互不能衔接，中间距离达 142000 里，各自距离极下 71000 里。

"夏至之日从周地向正东、西方向望去，日落之处距周地 59598.5 里。[33] 冬至之日则从周地向正东、西方望不见太阳，这可以通过计算求知，此时日落之处距周地 214557.5 里。这些数据的变化，都是一年中太阳运行轨道的扩张收敛所致。冬至和夏至，要观察律数的生成，听取钟音之变化。根据冬至和夏至昼夜太阳轨道变化的极限，再加上太阳光照的极限，则宇宙的直径为 810000 里，周长为 2430000 里。

"从周地向南至日照极限处为 302000 里，向北至日照极限处 508000 里，向东、西至日照极限处各 391683.5 里。周地在宇宙中心偏南一侧 103000 里处，所以从周地向东、西方向看，要比宇宙的直径短 26632 里有余。"

（5）这是方圆之法。对万物做普遍描述要用圆方，大匠创立制度而设规矩。或毁方而作圆，或破圆而成方。方中作圆谓之圆方，圆中作方称为方圆。[38]

（6）凡绘制七衡图，[39] 以丈为尺，以尺为寸，以寸为分，每分代表 1000 里。用一幅 8 尺 1 寸见方的帛。现在用 4 尺 5 分见方的帛，则每分代表 2000 里。

吕氏说："四海之内，东西方向长 28000 里，南北方向长 26000里。"[40]

绘制代表日、月运行轨道的圆周，7 层同心圆而中间有 6 道空间，以此代表 6 个月的节气。6 个月共 $182\frac{5}{8}$ 日。故夏至之日太阳位于东井之宿，处在七衡图的最内圈；冬至之日太阳位于牵牛之宿，处在七衡图的最外圈。一年中往复一次。所以说，一年 $365\frac{1}{4}$ 日中，太阳到达最内和最外圈各一次。而 $30\frac{7}{16}$ 日中，月亮到达最内和最外圈各一次。[43] 由于衡与衡之间的间隔为 $19833\frac{1}{3}$ 里（1 里为 300 步）。所以已知内衡的直径而欲知其外侧相邻之衡的直径，只需将上面数值的一倍加到内衡直径上即得；将相邻两衡直径之差乘以 2，再加到内衡直径上，又可得第三衡的直径。以下各衡可依此类推。

内衡直径为

238000 里，

周长为

714000 里，

划分为 $365\frac{1}{4}$ 度，每度得

1954 里又 $247\frac{933}{1461}$ 步。

第二衡直径为

277666 里又 200 步，

周长为

833000 里，

划分为 $365\frac{1}{4}$，每度得

2280 里又 $188\frac{1332}{1461}$ 步。

第三衡直径为

317333 里又 100 步，

周长为

952000 里,

划分为 365$\frac{1}{4}$ 度,每度得

2606 里又 130$\frac{270}{1461}$ 步。

第四衡直径为

357000 里,

周长为

1071000 里,

划分为 365$\frac{1}{4}$ 度,每度得

2932 里又 71$\frac{669}{1461}$ 步。

第五衡直径为

396666 里又 200 步,

周长为

1190000 里,

划分为 365$\frac{1}{4}$ 度,每度得

3258 里又 12$\frac{1068}{1461}$ 步。

第六衡直径为

436333 里又 100 步,

周长为

1309000 里,

划分为 365$\frac{1}{4}$ 度,每度得

3583 里又 254$\frac{6}{1461}$ 步。

外衡直径为

476000 里,

周长为

1428000 里,

划分为 $365\frac{1}{4}$ 度,每度得

3909 里又 $195\frac{405}{1461}$ 步。

其次,冬至日太阳轨道再加上太阳光照极限 167000 里,得出宇宙直径为

810000 里,

周长为

2430000 里,

划分为 $365\frac{1}{4}$ 度,每度得

6652 里又 $293\frac{327}{1461}$ 步。

过此 810000 里宇宙之外的情形,从未有人知道。未有人知的意思是,有人猜测这或许是可知的,有人却怀疑此事无法知晓。看来这一问题(如果想解决的话)只能依赖天才人物的神启而不是学问的研究。

所以冬至日中午太阳投下的周髀表影之长为 1 丈 3 尺 5 寸,夏至日中午表影长为 6 尺。冬至日影长,夏至日影短,表影之长每增减 1 寸,地上南北向的实际距离就相差 1000 里。所以冬至、夏至之间太阳轨道南北游移范围为

119000 里,

宇宙直径为

810000 里,

周长为

2430000 里,

划分为 $365\frac{1}{4}$ 度,每度得

6652 里又 $293\frac{327}{1461}$ 步,

此为每度所对应的长度。而太阳轨道南北游移,每天的距离为

651 里又 $182\frac{798}{1461}$ 步,⁽⁴⁷⁾

这一数值的求法是:以南北游移范围

119000 里,

除以半年的日数

$182\frac{5}{8}$ 日,

得出除式

$$\frac{952000}{1461}$$

其商的整数部分即为里数,余数部分以 3 乘之,(得出除式 $\frac{2667}{1461}$)
此商的整数部分即为百步数;余数部分以 10 乘之,所得除式之商
的整数部分即为十步数;余数部分以 10 乘之,所得除式之商的整
数部分即为步数;余数部分即作为分母 1461 的分子直接表出。

卷下

(7)日、月运行宇宙四方之道。北极之下,其地高出人类居
息的区域 60000 里,"滂沲四隤而下",⁽⁴⁹⁾天的中央(即北极所在
处)也较其余区域高出 60000 里。所以日光照耀所及的最大范围直
径为 810000 里,周长 2430000 里。所以太阳运行到北极的北面时,
北方为日中,南方为夜半;运行到东面时,东方为日中,西方为夜

半；运行到南面时，南方为日中，北方为夜半；运行到西面时，西方为日中，东方为夜半。太阳的上述四方运行及其所造成的天象，称为天地的四极四和。不同的地区在同一时刻有的为昼，有的为夜，相差半昼夜则恰好相反，然而其间的阴阳之数，冬夏之节，变化转换的规律却完全一致。

天的形状像盖笠，地的形状类似倒扣着的盘子。[52]天离地80000里。即使冬至之日太阳运行于外衡，也恒在极下之地的20000里之上。故以太阳为先兆，月光才出现，成为明月，星辰也才能得以排列成行。所以从秋分到冬至，日、月、星辰之精气趋于衰微，这是因为距离变远的缘故，这些都是天地阴阳之性自然如此。

（8）欲知北极枢轴所在，以及极下"璇玑"四极的范围，可由夏至日夜半时北极南游所极，冬至日夜半时北游所极，冬至日酉时西游所极，同日卯时东游所极，即"北极璇玑"四游来确定。以此来确定"北极璇玑"的中心所在，亦即北天正中之所在。测定"北极四游"的方案是这样：在冬至日酉时，立8尺高的表，将一根绳系于表的顶端，然后拉直绳子并顺绳子向北极望去，使得北极中大星[55]、表顶、人眼三点成一线，沿此线用绳延长之达到地面，并在地面上做下标记；待到天明，于次日卯时，再重复上述观测过程并在地面做第二个标记，测量此两处标记之间的距离为2尺3寸，由此可知北极东西游的极限范围为23000里。[56][57]地面上的上述两个标记之间的连线为正东西方向，而此连线中点与表的连线为正南北方向。前面所说的酉时、卯时等，都可以用漏刻度量而得。这是"北极四游"中东西方向的情况。南北方向时，绳至地两标记连线的中点距表1丈3寸，因此可知天中距周地103000里。何以推知南北游极限？因为冬至夜半时"北极"北游所极，北过天中 11500 里；而夏至日南游所极，在极下南面 11500 里——这都可以用表顶端的绳测望而得，北极北游至极限时绳在地上的标记距表 1 丈 1 尺 4 寸半，所以知道此时北极之下距周地 114500 里，北过天中 11500 里；"北极"南游至极限时绳在地上的标记距表 9 尺 1 寸半，所以知道此时北极之下距周地 91500 里，在天中之南 11500 里。⁽⁶¹⁾这就是"北极璇玑"四游中求南北游极限之法。东、西、南、北四方极限之求得都以勾股之术作为准则。

（9）极下"璇玑"的直径为 23000 里，周长 69000 里。在此范围内阳气断绝而阴气彰盛，所以不生万物。确定方向之法：日出时刻立表而在表影顶端之处的地面做标记；日入时也同样对表影顶端做标记。在这两处标记之间以直线相连，则此直线即为正东西方向；将此直线的中点与表相连，则连线所指为正南北方向。⁽⁶⁴⁾何以知道极下之地不生万物？冬至时太阳所在远距夏至时太阳所在 119000 里，而冬至时万物尽死；则夏至时太阳所在远距北极也达 119000 里，由此可知极下即使在夏至时也不生万物（更不用说其余时间了）。北极左右，夏天有不化的冰冻。

春分、秋分时，太阳位于中衡。春分后日益北移，北移 59500 里而时至夏至；秋分后日益南移，南移 59500 里而时至冬至。中衡距周地 75500 里。中衡左右的区域，冬有不死之草，这是夏天生长的类型。⁽⁶⁸⁾这区域内阳气彰盛而阴气微弱，所以万物不死，五谷在一年中可成熟两次。

北极左右地区，（因半年为昼而半年为夜，）植物可说是朝生暮获，这是冬天萌生的类型。⁽⁶⁹⁾

（10）用周天历度之法确定二十八宿

方案是：先用正勾之法确定正南方。⁽⁷¹⁾然后平整地面，成一块直径 21 步、周长 63 步的圆形，并用水校正其水平度，在此圆形上度量，取直径 121 尺 7 寸 5 分，3 倍之而成为此圆周长，为 $365\frac{1}{4}$ 尺，以对应周天的 $365\frac{1}{4}$ 度。仔细度量划分，不要有纤微误差。分度划定之后，以正东、西、南、北方向的十字线将此圆四等分，则每部分为 $91\frac{5}{16}$ 度。于是成为一个完备而正确的圆〔仪〕。

接下来在圆心立中央表，在表顶端系绳，先拉绳令人目、表顶与牵牛之宿的中央大星三点成一线，以此观察该星的上中天；然后等待相邻的须女之宿的距星上中天并以同上方法观测；在女宿距星上中天的同一时刻，立即拉绳用三点一线法观测牵牛中央大星此时已向西侧偏离地面大圆上的南北向直线有多少距离，然后在圆周上插立一根游仪⁽⁷⁶⁾以标识这一距离。将可以看到游仪已在圆周上向西偏离了 8 尺长的一段弧，所以可知牵牛之宿跨度为 8 度。⁽⁷⁷⁾⁽⁷⁸⁾其余各宿可用同样方法依次进行，直至将二十八宿全部测完，则整个系统便可确定。

要建立周天度数，只需从上述根据各宿距星上中天而确立的诸游仪向中央表引绳，恰如车轮辐条之集凑于轮毂，就可得到正确结果。

（11）太阳的出入，也以周天度数来加以描述和确定。

欲知太阳出入，即可将周天 $365\frac{1}{4}$ 度划分为二十八宿。假如东井之宿于夜半时在（南方的午位）中天，则牵牛之宿将在北方的子位中天。东井之宿的距星在正南北方偏西 $30\frac{7}{16}$ 度，假如此宿对应于十二次中的未，则牵牛之宿就对应于丑，这样就达到了天与地的和谐对应。⁽⁸⁶⁾

在（上文所说的）圆周上划分设置二十八宿，设置完成后，再竖立中央表。在冬至、夏至之日，在太阳升出地平的时刻，在圆周上立一游仪，令此游仪与中央表和太阳所投射之中央表影成一线，则这一游仪即标识了太阳升起时的方位度数。^{（87）}太阳没入地平时的方位也可仿此确定。

（12）牵牛之宿距离北极

115 度又 1695 里又 $21\frac{819}{1461}$ 步。^{（88）}

求得此值的步骤是：

以外衡距北极中心的距离

238000 里，

减去"北极璇玑"的半径

11500 里，

余数

226500 里

再除以内衡圆周 1 度所对应的弧长

1954 里又 $247\frac{933}{1461}$ 步，

所除得之商的整数部分即度数，余数部分化为里和步：

以 300 约分而成分子，以 1461 为分母，其商之整数部分为里数；余数以 3 乘之，再以分母 1461 除之，所得商之整数部分为百步数；余数以 10 乘之，再以 1461 除之，所得商之整数部分为十步数；余数以 10 乘之，再以 1461 除之，所得商之整数部分为步数，余数则作为分母 1461 的分子表出。^{（89）}以下数值也仿此求得。

娄宿与角宿距离北极

91 度又 610 里又 $264\frac{1296}{1461}$ 步。

求取此值的步骤是：

以中衡距北极中心的距离

178500 里，

除以内衡圆周 1 度的弧长，所除得商之整数部分即为度数，余数化为里、步，最后一次的余数作为分母 1461 的分子表出。

东井之宿距离北极

66 度又 1481 里又 $155\frac{1245}{1461}$ 步。

求取此值的步骤是：

以内衡距北极中心的距离

119000 里，

加上"北极璇玑"的半径

11500 里，

其和

130500 里，

再除以内衡圆周 1 度的弧长，所除得商之整数部分即为度数，余数化为里、步，最后一次的余数作为分母 1461 的分子表出。

（13）八节二十四气

（八尺之表的晷影之长）每气加减 9 寸 $9\frac{1}{6}$ 分；冬至日正午晷影之长为

1 丈 3 尺 5 寸，

夏至日正午晷影之长为

1 尺 6 寸，

问以次各节气晷影之长各应加减多少？

冬至晷长 1 丈 3 尺 5 寸。

小寒 1 丈 2 尺 5 寸，小分 5。

大寒 1 丈 1 尺 5 寸 1 分，小分 4。

立春 1 丈 5 寸 2 分，小分 3。

雨水 9 尺 5 寸 3 分，小分 2。

惊蛰 8 尺 5 寸 4 分，小分 1。

春分 7 尺 5 寸 5 分。

清明 6 尺 5 寸 5 分，小分 5。

谷雨 5 尺 5 寸 6 分，小分 4。

立夏 4 尺 5 寸 7 分，小分 3。

小满 3 尺 5 寸 8 分，小分 2。

芒种 2 尺 5 寸 9 分，小分 1。

夏至 1 尺 6 寸。

小暑 2 尺 5 寸 9 分，小分 1。

大暑 3 尺 5 寸 8 分，小分 2。

立秋 4 尺 5 寸 7 分，小分 3。

处暑 5 尺 5 寸 6 分，小分 4。

白露 6 尺 5 寸 5 分，小分 5。

秋分 7 尺 5 寸 5 分。

寒露 8 尺 5 寸 4 分，小分 1。

霜降 9 尺 5 寸 3 分，小分 2。

立冬 1 丈 5 寸 2 分，小分 3。

小雪 1 丈 1 尺 5 寸 1 分，小分 4。

大雪 1 丈 2 尺 5 寸，小分 5。

总共八节二十四气，每气增减 9 寸 $6\frac{1}{6}$ 分。冬至、夏至为增减之始。计算的方法是：将冬至日正午和夏至日正午的晷影长度之差，以 12 除之，其商的整数部分为寸数，余数以 10 乘之，再除以 12，其商的整数部分为分数，余数作为分子表出。

（14）月球在天球上每天东行

$13\frac{7}{19}$ 度。

求取此值的步骤是：

（根据十九年七闰法，）将 19 个回归年中的朔望月数 235，以 19 除之，再加上太阳每天在天球上东行的 1 度，就得 $13\frac{7}{19}$ 度，这是月球一日运行的度数，也即"月后天"的度数。

（12 个朔望月称为小岁，）1 小岁中月球东行

$354\frac{6612}{17860}$ 度。

此值的求法是：

以小岁日数

$354\frac{348}{940}$ 日，

乘以"月后天"度数

$13\frac{7}{19}$ 度，

分母 940 与 19 相乘，通分后得"积后天"度数

$4737\frac{6612}{17860}$ 度；

再以周天度数

$365\frac{4465}{17860}$ 度

累减之，余数为

$354\frac{6612}{17860}$ 度，

这就是小岁中月球东行的度数。以下各值可仿照上述步骤求得。

（13 个朔望月称为大岁，）1 大岁中月球东行

$18\frac{11628}{17860}$ 度。

此值的求法是：

以大岁日数

$383\frac{847}{940}$ 日，

乘以"月后天"度数

$13\frac{7}{19}$ 度，

分母 940 与 19 相乘，通分后得"积后天"度数

$5132\frac{2698}{17860}$ 度；

再以周天度数累减之，余数即为大岁中月球东行的度数。

1 回归年中月球东行

$134\frac{10105}{17860}$ 度。

此值的求法是：

以回归年日数

$365\frac{235}{940}$ 日，

乘以"月后天"度数

$13\frac{7}{19}$ 度，

分母 940 与 19 相乘，通分后得"积后天"度数

$4882\frac{14570}{17860}$ 度；

再以周天度数累减之，余数即为回归年中月球东行的度数。

（29 日称为小月，）1 小月中月球东行

$22\frac{7755}{17860}$ 度。

此值的求法是：

以"月后天"度数

$13\frac{7}{19}$ 度

乘以小月日数 29 日，通分后得"积后天"度数

$387\frac{12220}{17860}$ 度；

再以周天度数减之，余数即为小月中月球东行的度数。

（30 日称为大月，）1 大月中月球东行

$35\frac{14335}{17860}$ 度。

此值的求法是：

以"月后天"度数

$13\frac{7}{19}$ 度

乘以大月日数 30 日，通分后得"积后天"度数

$401\frac{940}{17860}$ 度；

再以周天度数减之，余数即为大月中月球东行的度数。

1 朔望月中月球东行

$29\frac{9481}{17860}$ 度。

此值的求法是：

以朔望月日数

$29\frac{499}{940}$ 日，

乘以"月后天"度数

$13\frac{7}{19}$ 度，

分母 940 与 19 相乘，通分后得"积后天"度数

$394\frac{13946}{17860}$ 度；

再以周天度数减之，余数即为朔望月中月球东行的度数。

（15）冬至之日白昼极短，太阳出于辰位而入于申位。[108]阳光普照所及之位是 3，不能覆盖之位为 9，太阳出入方位的东西连线偏于南方。夏至之日白昼极长，太阳出于寅位而入于戌位。阳光普照所及之位为 9，不能覆盖之位是 3，太阳出入方位的东西连线偏于北方。

（人如面南背北而立，）太阳出于左方而入于右方，（冬、夏至之间太阳轨道）在南北方向移动。所以冬至对应于坎位，阳气在子位，太阳出于巽位而入于坤位，大地上能见到的日光少，所以寒冷。夏至对应于离位，阴气在午位，太阳出于艮位而入于乾位，大地上能见到的日光多，所以暑热。[113]

日月运行如果不合规则，气候寒暑就会混乱。（太阳轨道南移称为往，北移称为来。）往者白昼变短故称为诎，来者白昼变长故称为伸，所以屈伸相感。所以冬至之后太阳右行，夏至之后太阳左行。左行就是往，右行即为来。[117]所以太阳月亮合朔成为一月，太阳东升西落一周成为一日，太阳在恒星背景上绕行一周重回原处成为一岁。外衡对应冬至，内衡对应夏至，其间六气往返，皆谓之中气。[119]

（16）阴阳之数，日月之法，以 19 年为 1 章；4 章为 1 蔀，共 76 年；20 蔀为 1 遂，每遂 1520 年；3 遂为 1 首，每首为 4560 年，7 首为 1 极，1 极 31920 年，所有的周期至此都已终了，万物从头开始，天道开始新一轮循环，历法也再次从头起算。

（17）何以知道周天为 $365\frac{1}{4}$ 度？又何以知道太阳每天东行 1 度，而月球每天东行 $13\frac{7}{19}$ 度？又何以知道 $29\frac{499}{940}$ 日为 1 月，而

$12\frac{7}{19}$ 月为 1 年？

古时伏羲、神农创制历法，起算之初，对日、月、众星的运行尚未掌握其规则，对它们的位置也还未能度量测定；只是见到太阳主宰白昼，月亮支配黑夜，一昼夜而成为一日；太阳与月亮都从建星初度出发向东运行；[123]月亮运行得快，太阳运行得慢，日、月相互追逐于 29 至 30 日之间，而太阳在此期间在天球上运行 29 度有余，但这些都尚无确切数值。于是观察到 365 日后太阳运行至最南端而使表影达到最长，第二天表影又开始变短。发现这表影达到最长的周期，每 3 个 365 日，就有 1 个 366 日，于是知道一年之长为 $365\frac{1}{4}$ 日，这就是回归年。在此期间月球东行了 13 周天又 134 度有余，可以估计出它每天东行 $13\frac{7}{19}$ 度，但尚未获得证实。于是又发现太阳东行 76 周天的时间内，月球恰东行了 1016 周天，两者又重合于建星，将此月球东行的周天数，以同时间内太阳东行的周天数除之，得 $13\frac{7}{19}$ 度，则此即一日之内月球东行的度数。再将 76 年内的朔望月数（940）以 76 除之，得 $12\frac{7}{19}$ 月，这就是一年中的月数。将周天度数以 $12\frac{7}{19}$ 月除之，得 $29\frac{499}{940}$ 日，这就是一个朔望月的日数。[130]

（全文完）

《周髀算经》原文与注释

赵君卿序

夫高而大者莫大于天，厚而广者莫广于地。体恢洪而廓落，形修广而幽清。可以玄象课其进退，然而宏远不可指掌也。可以晷仪验其长短，然其巨阔不可度量也。虽穷神知化不能极其妙，探赜索隐不能尽其微。是以诡异之说出，则两端之理生，遂有浑天、盖天[1]兼而并之。故能弥纶天地之道，有以见天地之赜。则浑天有《灵宪》[2]之文，盖天有《周髀》之法。累代存之，官司是掌。所以钦若昊天，恭授民时。[3]爽以暗蔽，才学浅昧。邻高山之仰止，慕景行之轨辙。负薪余日，聊观《周髀》，其旨约而远，其言曲（典）而中。将恐废替，濡滞不通，使谈天者无所取则。辄依经为图，诚冀颓毁重仞之墙，披露堂室之奥。庶博物君子时迥思焉。

卷上

（1）昔者周公问于商高[4]曰："窃闻乎大夫善数也，请问古者包牺立周天历度[5]，夫天不可阶而升，地不可得尺寸而度，请问数安从出？"商高曰："数之法出于圆方。圆出于方，方出于矩[6]，矩出于九九八十一^{（7）}。故折矩以为勾广三，股修四，径隅五。既方其外，半之一矩。环而共盘，得成三、四、五。两矩共长二十有五，是谓积矩^{（8）}。故禹之所以治天下者，此数之所生也^{（9）}。"

勾股圆方图^{（10）}

周公曰："大哉言数！请问用矩之道？"商高曰："平矩以正绳，偃矩以望高，覆矩以测深，卧矩以知远，环矩以为圆，合矩以为方。^{（11）}方属地，圆属天，天圆地方。^{（12）}方数为典，以方出圆。^{（13）}笠以写天，天青黑，地黄赤。天数之为笠也，青黑为表，丹黄为里，以象天地之位。^{（14）}是故知地者智，知天者圣。智出于勾，勾出于矩。夫矩之于数，其裁制万物^{（15）}，唯所为耳。"周公曰："善哉！"

（2）昔者荣方问于陈子曰："今者窃闻夫子之道，知日之高大，光之所照，一日所行，远近之数，人所望见，四极之穷，列星之宿，天地之广袤，夫子之道皆能知之。其信有之乎？"陈子曰："然。"荣方曰："方虽不省，愿夫子幸而说之。今若方者可教此道邪？"陈子曰："然。此皆算术之所及。子之于算，足以知此矣。若诚累思之。"

于是荣方归而思之，数日不能得。复见陈子曰："方思之不能得，敢请问之。"陈子曰："思之未熟。此亦望远起高之术，而子不能得，则子之于数，未能通类，是智有所不及，而神有所穷。夫道术，言约而用博者，智类之明。问一类而以万事达者，谓之知道。今子所学，算数之术，是用智矣，而尚有所难，是子之智类单。夫道术所以难通者，既学矣，患其不博；既博矣，患其不习；既习矣，患其不能知。故同术相学，同事相观，此列士之愚智，贤不肖之所分。是故能类以合类，此贤者业精习知之质也。夫学同业而不能入神者，此不肖无智而业不能精习，是故算不能精习。吾岂以道隐子哉？固复熟思之。"

荣方复归，思之，数日不能得。复见陈子曰："方思之以精熟矣。智有所不及，而神有所穷，知不能得。愿终请说。"陈子曰："复坐，吾语汝。"于是荣方复坐而请。陈子说之曰[16]：

（3）夏至南万六千里，冬至南十三万五千里，日中立竿无影。此一者天道之数。周髀[17]长八尺，夏至之日晷[18]一尺六寸。髀者，股也。正晷者，勾也。正南千里，勾一尺五寸。正北千里，勾一尺七寸。日益南，晷益长[19]。

候勾六尺[20]，即取竹，空径一寸，长八尺，捕影而视之，空正掩日，而日应空。由此观之，率八十寸而得径一寸。[21]故以勾为首，以髀为股。

从髀至日下六万里而髀无影。从此以上至日，则八万里。若求邪[22]至日者，以日下为勾，日高为股。勾、股各自乘，并而开方除之，得邪至日，从髀所旁[23]至日所十万里。以率率之，八十里得径一里。十万里得径千二百五十里。故曰，日径千二百五十里。

日高图[24]

（4）法曰：周髀长八尺，勾之损益寸千里。故曰极者，天广袤也。今立表高八尺以望极，其勾一丈三寸。由此观之，则从周北十万三千里而至极下。[25]

荣方曰："周髀者何？"

陈子曰："古时天子治周，此数望之从周，故曰周髀。髀者，表也。

"日夏至南万六千里，日冬至南十三万五千里，日中无影。[26]以此观之，从极南至夏至之日中十一万九千里。北至其夜半，亦然。凡径二十三万八千里，此夏至日道之径也，其周七十一万四千里[27]。从夏至之日中，至冬至之日中，十一万九千里。北至极下，亦然。则从极南至冬至之日中二十三万八千里。从极北至其夜半，亦然。凡径四十七万六千里。此冬至日道径也，其周百四十二万八千里。从春秋分之日中北至极下十七万八千五百里。从极下北至其夜半，亦然，凡径三十五万七千里，周一百七万一千里。故曰，月之道常缘宿，日道亦与宿正。[28]南至夏至之日中，北至冬至之夜半，南至冬至之日中，北至夏至之夜半，亦径三十五万七千里，周一百七万一千里。[29]

"春分之日夜分以至秋分之日夜分，极下常有日光。秋分之日夜分以至春分之日夜分，极下常无日光。[30]故春秋分之日夜分之时，日光所照适至极，阴阳之分等也。冬至、夏至者，日道发敛之所至，昼夜长短之所极。春秋分者，阴阳之修，昼夜之象。昼者阳，夜者阴。春分以至秋分，昼之象。秋分以至春分，夜之象。故春秋分之日中光之所照北至极下，夜半日光之所照亦南至极。此日夜分之时也，故曰，日照四旁各十六万七千里。[31]

"人所望见，远近宜如日光所照。从周所望见北过极六万四千里，南过冬至之日中三万二千里。夏至之日中，光南过冬至之日中四万八千里，南过人所望见万六千里，北过周十五万一千里，北过极四万八千里。冬至之夜半日光南不至人目所见七千里，不至极下七万一千里。夏至之日中与夜半日光九万六千里过极相接。冬至之日中与夜半日光不相及十四万二千里，不至极下七万一千里。⁽³²⁾夏至之日正东西望，直周东西日下至周五万九千五百九十八里半。⁽³³⁾冬至之日正东西方不见日⁽³⁴⁾，以算求之，日下至周二十一万四千五百五十七里半。凡此数者，日道之发敛。⁽³⁵⁾冬至、夏至，观律之数，听钟之音。冬至昼，夏至夜，差数所及，日光所遝观之，四极径八十一万里，周二百四十三万里。⁽³⁶⁾

"从周南至日照处三十万二千里，周北至日照处五十万八千里，东西各三十九万一千六百八十三里半。周在天中南十万三千里，故东西短中径二万六千六百三十二里有奇。⁽³⁷⁾周北五十万八千里。冬至日十三万五千里。冬至日道径四十七万六千里，周百四十二万八千里。日光四极当周东西各三十九万一千六百八十三里有奇。"

（5）此方圆之法。

万物周事而圆方用焉，大匠造制而规矩设焉，或毁方而为圆，或破圆而为方。方中为圆者谓之圆方，圆中为方者谓之方圆也。⁽³⁸⁾

（6）七衡图⁽³⁹⁾

凡为此图，以丈为尺，以尺为寸，以寸为分，分一千里。凡用缯方八尺一寸。今用缯方四尺五分，分为二千里。

吕氏曰："凡四海之内，东西二万八千里，南北二万六千里。"⁽⁴⁰⁾

凡为日月运行之圆周，七衡周而六间，以当六月节。⁽⁴¹⁾六月为百八十二日、八分日之五。⁽⁴²⁾故日夏至在东井极内衡，日冬至在牵牛极外衡也。衡复更终冬至。故曰，一岁三百六十五日、四分日之一，岁一内极，一外极。三十日、十六分日之七，月一外极，一内极。⁽⁴³⁾是故一衡之间万九千八百三十三里、三分里之一，即为百步。⁽⁴⁴⁾欲知次衡径，倍而增内衡之径。二之以增内衡径，得三衡径。次衡放⁽⁴⁵⁾此。

内一衡径二十三万八千里，周七十一万四千里。分为三百六十五度、四分度之一，度得一千九百五十四里二百四十七步、千四百六十一分步之九百三十三。

次二衡径二十七万七千六百六十六里二百步，周八十三万三千里。分里为度，度得二千二百八十里百八十八步、千四百六十一分步之千三百三十二。

次三衡径三十一万七千三百三十三里一百步，周九十五万二千里。分为度，度得二千六百六里百三十步、千四百六十一分步之二百七十。

次四衡径三十五万七千里，周一百七万一千里。分为度，度得二千九百三十二里七十一步、千四百六十一分步之六百六十九。

次五衡径三十九万六千六百六十六里二百步，周一百一十九万里。分为度，度得三千二百五十八里十二步、千四百六十一分步之千六十八。

次六衡径四十三万六千三百三十三里一百步，周一百三十万九千里。分为度，度得三千五百八十三里二百五十四步、千四百六十一分步之六。

次七衡径四十七万六千里，周百四十二万八千里。分为度，度得三千九百九里一百九十五步、千四百六十一分步之四百五。

其次，日冬至所照，过北衡十六万七千里，为径八十一万里，周二百四十三万里。分为三百六十五度四分度之一，度得六千六百五十二里二百九十三步、千四百六十一分步之三百二十七。

过此而往者，未之或知。或知者，或疑其可知，或疑其难知。[46]此言上圣不学而知之。

故冬至日晷丈三尺五寸，夏至日晷尺六寸。冬至日晷长，夏至日晷短，日晷损益，寸差千里。故冬至、夏至之日南北游十一万九千里，四极径八十一万里，周二百四十三万里。分为度，度得六千六百五十二里二百九十三步、千四百六十一分步之三百二十七，此度之相去也。其南北游，日六百五十一里一百八十二步、一千四百六十一分步之七百九十八。⁽⁴⁷⁾

术曰：置十一万九千里为实，以半岁一百八十二日八分日之五为法，而通之，得九十五万二千为实，所得一千四百六十一为法，除之。实如法得一里。不满法者，三之，如法得百步。不满法者，十之，如法得十步。不满法者，十之，如法得一步。不满法者，以法命之。⁽⁴⁸⁾

注释

（1）古代中国占统治地位的宇宙学说称为"浑天说"，它同时又是一种行之有效的数理天文学体系。其纲领见于《开元占经》卷一引《张衡浑仪注》："浑天如鸡子。天体圆如弹丸，地如鸡子中黄，孤居于内，天大而地小。天表里有水，天之包地犹壳之裹黄。天地各乘气而立，载水而浮。周天三百六十五度又四分度之一……其两端谓之南北极。北极乃天之中也，在正北，出地上三十六度。……天转如车毂之运也，周旋无端，其形浑浑，故曰浑天。"又扬雄《法言·重黎》说："或问浑天，曰：落下闳营之，鲜于妄人度之，耿中丞象之。"这是现今所知古籍中最早出现"浑天"名称者。浑天说之所以在古代中国取得统治地位，除了较符合视觉直观之外，主要是因为它能够进行有效的数理天文学计算并与实际观测吻合，这一点是古代中国任何其他宇宙学说无法望其项背的。

"盖天说"则是《周髀算经》下文中详述的学说。

（2）东汉张衡作，原文保存在《后汉书》卷二十《天文志上》刘昭注文中。这很可能只是一部已佚著作的开头部分。

（3）《尚书·尧典》："历象日月星辰，敬授人时。"今人多将此理解为"安排农事"，其实是完全错误的。这句话的原意是指安排重大政治事务日程表，参见江晓原：《天学真原》，辽宁教育出版社（1991），页145—151。

（4）周公、商高，以及下文的荣方、陈子，皆假托的古代传说中人物，未必真有其人其事。这是战国秦汉间著作的常用手法。

（5）《易·系辞下》："古者包牺氏之王天下也，仰则观象于天，俯则观法于地。"此为古代流行的传说。包牺又常写作伏羲、庖牺，为传说中三皇之一，相传八卦也是他所创立。

（6）矩，见图1，直到今天，中国的木工仍广泛使用这一古老工具。在古代艺术形象中，伏羲手中常持此物，比如山东嘉祥东汉武梁祠画像石、新疆吐鲁番阿斯塔那唐墓等处的伏羲女娲交尾图中，都是如此。矩的两条直角边，短的称为勾，长的称为股。

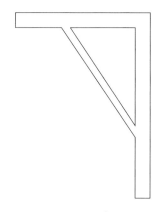

图 1 矩

（7）意指矩中蕴含着乘法之理。故赵爽注称："九九者，乘除之原也。"由矩的两条直角边所构成的矩形面积，即此两边之长相乘而得的积。

（8）此处所谓"积矩"，指勾、股平方之和（$3^2 + 4^2 = 25$）。"两矩共长"不能理解为两直角三角形周长之和。

（9）夸张的说法。意指禹凭借勾股之术设计、指导治水工程，而使天下大治。故赵爽注称："禹治洪水，决流江河，望山川之形，定高下之势，除滔天之灾，释昏垫之厄，使东注于海而无浸逆，乃勾股之所由生也。"如何巧妙利用矩这一工具以勾股术进行工程测算，下文商高陈述"用矩之道"时即论及。

（10）此五字是否为《周髀算经》原文，现已不可确知——传世各种版本中的图很可能都是赵爽作注时所增绘。钱宝琮又据赵注重绘，有8幅之多。但实际上只需用第一幅即可清楚说明赵爽在其注文中对勾股定理所作的证明。如图2所示，设勾、股、弦之长依次为a、b、c，则整个大正方形面积为c^2，中间小正方形面积为$(b-a)^2$，

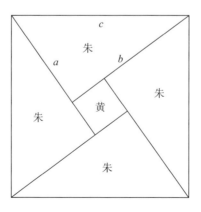

图2　赵爽对勾股定理的普适证明
（引自钱宝琮校点《算经十书》页15）

四个直角三角形面积之和为 $2ab$，于是有：$c^2 = (b-a)^2 + 2ab = a^2 + b^2$。

对于此事，赵爽、甄鸾、李淳风等人做了大量附注和讨论，烦琐枝蔓，意义不大。但此处必须强调指出的是，上述赵爽的证明对任何比例的直角三角形都普遍适用，而《周髀算经》原书中则始终只停留在勾三、股四、弦五这一特例的表述上。

（11）"平矩以正绳"指利用矩的直角边以确定水平与垂直。"偃矩""覆矩""卧矩"三句指利用相似三角形原理借助于矩以测高、测深及测远。"环矩"句指利用矩作为圆规以作圆。"合矩"句指两矩相合可构成方形。关于这些用矩之道的图解，可看看〔19〕，页118—119。

（12）此处所说的"方""圆"，皆为古人抽象的哲学概念，不宜理解为天地的实际形状。故赵爽注云："天动为圆，其数奇；地静为方，其数偶。此配阴阳之义，非实天地之体也。"

（13）前人对这两句话颇多引用和讨论，但多流于概念之间的比附转换。其实返璞归真，则仍不出将矩作圆规可以画出圆这一简单事实而已。

（14）如将这几句话中的"天"都作相同理解，就很难讲通。但古人有时亦用"天"泛指整个宇宙，若将"笠以写天"和"天数之为笠也"两句中的"天"作"宇宙"解，文意即可通畅。

（15）这里"裁制"宜作"描述、掌握并加以改造"讲。

（16）从形式上说，自此以下的所有论述皆为陈子所作。为便于据文义进行分段以清眉目，不再标点作直接引语形式。

（17）周髀，为垂直立于地上的竿状物，亦称为表。其得名之故以及各种用途可见下文。

（18）晷，指八尺之表在日光下投于地面的影长。赵爽注："晷，影也。"

（19）欲理解上面这段论述，可借助于图3及下文的图6。由图3可知，在天地为平行平面的假设下，并取天高 $H = 80000$ 里、表高 $h = 8$ 尺这组参数时，"日影千里差一寸"的结论确实可以得到证明。"正南千里……"两句，是指同一天（故日位置固定不动）在不同地点（自周地向南千里和向北千里）测日影的情形。"日益南，晷益长"则是指同在周地而不同季节（故日南北远近不同）测日影的情形。

由图中相似三角形可知：$\dfrac{L}{l} = \dfrac{H}{h} = \dfrac{80000 \text{ 里}}{8 \text{ 尺}} = \dfrac{1000 \text{ 里}}{1 \text{ 寸}}$

（20）若已掌握普适的勾股定理，则日影（勾）为任何长度时皆可施行下文的计算；而此处非要"候勾六尺"不可，足见仍只掌握了勾三、股四、弦五的特例，故需凑成其倍数以便套用。

（21）参见图4。由图中相似三角形可知，太阳至观测者距离与太阳直径之比等于竹筒长度与竹筒孔径之比，即

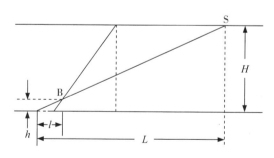

S：太阳　　　　　　　　　h：表高 ＝ 8 尺

B：表（周髀）　　　　　　l：晷影之长

H：天地距离 ＝ 80000 里　L：测晷影处至日下无影处之距离

图3　"日影千里差一寸"示意图

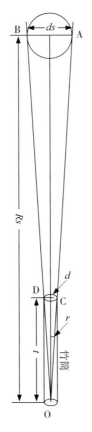

ds：太阳直径

Rs：太阳至观测者距离

d：竹孔直径

t：竹筒长度

图 4　日远近与日径比例之图
（引自程贞一、席泽宗《陈子模型和早期对于太阳的测量》）

$$\frac{Rs}{ds} = \frac{t}{d} = 80$$

下文由此求得 ds 之值。

（22）邪，此处音、义俱同"斜"。

（23）旁，赵爽注："旁，此古邪字。"据前一"邪"字的用法，完全可通。钱宝琮据顾观光之说，谓"旁"及"邪"俱当作"袤"，似乎反而使问题复杂化了。

（24）日高图原为赵爽作注时补绘，钱宝琮谓传世各本皆误，又据赵注重绘。今重新绘制为图5。由图5可知，在天地为平行平面的基本假设之下，在同一时刻于相距为 L 的两地用同高之表测得日影之长，确实可以推算出日高及日远之值：由图中相似三角形可有：

$$\frac{L_1}{H'} = \frac{G_1}{h} \qquad \frac{L_2}{H'} = \frac{G_2}{h}$$

由于 L 之值为已知，且恰为 L_2 与 L_1 之差，于是可由上两式解出 H，即日高之值：

$$H = H' + h = Lh / (G_2 - G_1) + h$$

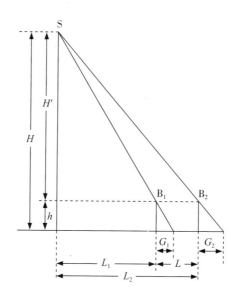

G_1、G_2：表1与表2晷影之长 h：表高

H：日高（天高）   S：日所在

B_1、B_2：表1与表2 L：两表间距离

图5　双表同测日高日远图

式中：G_1、G_2为两地测得的晷影之长。由此当然还可以解出两表处至日下的距离L_1与L_2。这种测算方案在古代中国至迟可追溯到公元3世纪的刘徽，比如《海岛算经》（即刘徽附于《九章算术》之后的《重差》卷）第一题："今有望海岛，立两表齐高三丈……问岛高及去表各几何？"即与此性质完全相同。需要注意的是，《周髀算经》原文中并未明确陈述这一测算方案。不过，在图5中可见，天高（即日高）八万里之值与前述"日影千里差一寸"（即在图5中令$L=1000$里、$G_2-G_1=1$寸）之说确实完全吻合。

（25）在图3中令 S 为北极，并令 l 为一丈三寸，即得 L 为十万三千里。

（26）以下所述宇宙数理模型，参见注译者绘制的图6及图3。注意图6所复原的模型与自李淳风以来的传统结论完全不同（论证详见本书新论第2节）。

（27）《周髀算经》取圆周率 $\pi=3$，以下各处都是如此。

（28）《周髀算经》认为二十八宿诸距星系沿黄道排列，故赵爽在此注称："内衡之南，外衡之北，圆而成规，以为黄道，二十八宿列焉。"二十八宿体系起源时究竟是以黄道为准还是以赤道为准，一直是悬而未决的问题，《周髀算经》在这里提供了一个极有价值的线索，但看来长期未被现代论者所注意。

（29）由图6可见确实如此。但这一组径、周数据没有什么实际意义。

（30）这一点确属观测事实。北极半年为昼半年为夜的现象，在从古希腊一脉相传至今的球面天文学中可以得到准确描述，而《周髀算经》在下文中也试图在自己的宇宙模型中对该现象做出数学描述。

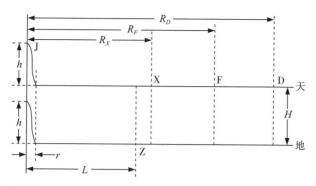

J：北极（天中）　　　　　　　$R_X = 119000$ 里，夏至日道半径

X：夏至日所在（日中时）　　$R_F = 1\frac{1}{2}R_X = 178500$ 里，春、秋分日道半径

F：春、秋分日所在（日中时）　$R_D = 2R_X = 238000$ 里，冬至日道半径

D：冬至日所在（日中时）　　　$L = 103000$ 里，周地距极远近

Z：周地（洛邑）所在　　　　　$H = 80000$ 里，天地间距离

$r = 11500$ 里，极下璇玑半径　$h = 60000$ 里，极下璇玑之高

图 6　《周髀算经》宇宙模型侧视半剖面示意图

（31）"日照四旁各十六万七千里"，意即日光辐射的最大半径为 167000 里，这一数据的来源颇为费解，按上文所述春秋分日道半径，由图 6 不难看出，"日照四旁"显然应等于春秋分日道半径，即 178500 里，才能自洽合理（详见新论第 3 节论述）。

（32）这些数据很容易由图 6 推算出来，但没有什么实际的天文学意义。此外，《周髀算经》在推算这些数据时，始终只在二维平面上进行，而未考虑三维空间（人在地上而日在天上，天地间有八万里的距离——即使站在《周髀算经》的立场上，这一距离也是不应忽略的）。

（33）参见图 7。图 7 为图 6 所绘宇宙模型的俯视图。所谓"夏至之日……直周东西日下至周"即图 7 中的 ZS_X 线段之长，它显然可以由图求出：

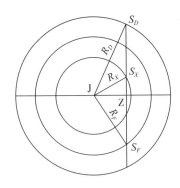

J: 北极 R_X: 夏至日道半径（119000 里）

Z: 周地 R_F: 春、秋分日道半径（$= 1\frac{1}{2} R_X$）

R_D: 冬至日道半径（$= 2 R_X$）

图 7　周地分、至日东西望日图

$$ZS_X = \sqrt{R_X^{\,2} - JZ^{\,2}}$$

线段 JZ 即图 6 中的 L，亦即周地距极的距离，为 103000 里。将此值及 R_X 之值代入上式，即得 $ZS_X \approx 59598.5$ 里。

（34）这是符合观测事实的。《周髀算经》在自己的数理模型中居然也相当成功地描述了这一事实——由图 7 可求出线段 ZS_D 之长：

$$ZS_D = \sqrt{R_D^{\,2} - JZ^{\,2}}$$

代入数值，得 $ZS_D \approx 214557.5$ 里，注意此值大于"日照四旁"的 167000 里，这意味着此时在周地正东西方向见不到太阳。

（35）注意《周髀算经》在这里回避了春、秋分的情况。观测事实是：在春、秋分这两日，在周地（以及北半球的一切地方）所见，太阳恰从正东方升起，至正西方没入地平线。如欲在图 6、图 7 模型中准确描述这一事实，应有图 7 中线段 ZS_F 之长恰等于"日照四旁"，但实际上在图 7 中为：

$$ZS_F = \sqrt{R_F^{\,2} - JZ^{\,2}} \approx 145785 \text{ 里}$$

此值小于"日照四旁"的 167000 里，意味着太阳从周地的东北方升起而至西北方落下，这不符合观测事实。

（36）由图 6，R_D 为 238000 里，再加上"日照四旁"的 167000 里，为 405000 里，即直径等于 810000 里。赵爽注又称："八十一者，阳数之终，日之所极。"已有数字神秘主义色彩。

（37）因周地不在直径为 810000 里之圆的圆心上，而是偏离 103000 里，故有

$$\sqrt{405000^2 - 103000^2} \approx 391683.5 \text{ 里}$$

将此值以 2 乘之，其与 810000 里直径之差 ≈ 26633 里，此即"故东西短中径二万六千六百三十二里有奇"。

（38）这段空洞的议论显得颇为突兀。在"此方圆之法"下还附有"圆方图"及"方圆图"各一，只是一个正方形的外接圆和内接圆，没有什么意义，亦无法确定是否赵爽所补绘，兹删去以省枝蔓。

（39）七衡图可确定系《周髀算经》原本所有，但此后各家绘制，互有异同。兹选择较完善的一种，见图 8。

如《秘册汇函》《津逮秘书》《四部丛刊》《学津讨原》《槐庐丛书》等版本，在图下有说明称："外方圈实青色，中俱黄色，内北极小圈青色实实。"

内衡旁边"春分""秋分"四字和外衡旁边"春、秋分日出""春、秋分日入"十字，都应写在第四圈的旁边。

（40）此为《吕氏春秋》中的语言，夹杂在此，当属衍文。

（41）二十四节气中，十二为节气，十二为中气。因七衡六间描述的是半个回归年中的情形（另半年对称相同），故曰"以当六月节"。赵爽注称："六月节者，谓中气也。"而后世则习惯将节气称为节。但这一区别在此处无关宏旨。

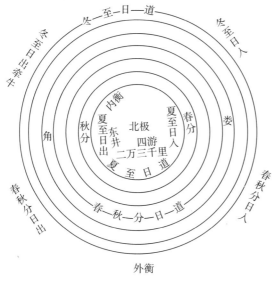

内衡

秋分

夏至日出

北极

东井

四游

二万三千里

夏至日入

春分

夏至日道

外衡

冬至日道

冬至日入

牵牛去北道

角

春秋分日出

春秋分日道

春秋分日入

娄

春秋分日出

春秋分日入

如《秘册汇函》《津逮秘书》《四部丛刊》《学津讨原》《槐庐丛书》等版本，在图下有说明称"外方圈实青色，中俱黄色，内北极小圈青色实实"。内衡旁边"春分""秋分"四字和外衡旁边"春秋分日出""春秋分日入"十字，都应写在第四圈的旁边

图 8　七衡图

（引自［19］，页 131）

（42）取回归年长度为 $365\frac{1}{4}$ 日，则半年为 $182\frac{5}{8}$ 日，即所谓六月。

（43）仍据回归年长 $365\frac{1}{4}$ 日，则其十二分之一为 $30\frac{7}{16}$ 日。注意此值并非朔望月长度之值。在回归年长 $365\frac{1}{4}$ 日，且采用十九年七闰的规则，则 19 年中共有 $19\times12+7=235$ 个朔望月，那么朔望月之长为：

$$365\frac{1}{4}\times19/235=29\frac{499}{940}\ 日$$

这个值将在《周髀算经》下卷出现。

（44）一里为三百步，以下皆同。这里是说图 8 中每衡之间的间隔距离为 $19833\frac{1}{3}$ 里。下文所罗列的数据，即由内衡（即夏至日道）递增该值而得。

（45）放，同仿。

（46）《周髀算经》对它所构想的宇宙最远边界之外的情形表示存疑态度。对这一问题的思考在汉代仍有继续，张衡的《灵宪》是与《周髀算经》的盖天说相对立的浑天说的经典文献，但其中对上述问题的态度却与后者相似："过此而往者，未之或知也。未之或知者，宇宙之谓也。"

（47）此值有太阳周年视运动的性质，它可以与球面天文学中太阳的赤纬运动相对应（数值及其准确含义当然相去甚远）。在《周髀算经》的宇宙数理模型中，它表现为太阳在半年时间内移过七衡（另半年对称相反）的速度。由图6及图8可知，内衡与最外衡半径之差为119000里，故有：

$$119000 / 182\frac{5}{8} = 651 \text{里 } 182\frac{798}{1461} \text{ 步 / 日}$$

《周髀算经》至此完成了它的宇宙数理模型的构建。

（48）此处《周髀算经》以"日南北游"为例展示了它的颇为烦琐的分数运算法——每日：

$$\frac{119000}{182\frac{5}{8}} = \frac{952000}{1461} = 651 \text{（里）} + \frac{2667}{1461} \text{（百步）}$$

$$= 651 \text{（里）} + 1 \text{（百步）} + 8 \text{（十步）} + 2\frac{798}{1461} \text{（步）}$$

卷下

（7）凡日月运行四极之道。极下者，其地高人所居六万里，滂沲四隤而下[49]，天之中央亦高四旁六万里。[50]故日光外所照径八十一万里，周二百四十三万里。故日运行处极北，北方日中，南方夜半。日在极东，东方日中，西方夜半。日在极南，南方日中，北方夜半。日在极西，西方日中，东方夜半。凡此四方者，天地四极四和[51]，昼夜易处，加时相反。然其阴阳所终，冬夏所极，皆若一也。

天象盖笠，地法覆槃。[52]天离地八万里，冬至之日虽在外衡，常出极下地上二万里。故日兆月，月光乃出，故成明月。[53]星辰乃得行列。是故秋分以往到冬至，三光之精微，以其道远。此天地阴阳之性自然也。

（8）欲知北极枢，璇玑四极。常以夏至夜半时北极南游所极，冬至夜半时北游所极，冬至日加酉之时西游所极，日加卯之时东游所极，此北极璇玑四游。正北极枢璇玑之中，正北天之中。正极之所游，冬至日加酉之时，立八尺表，以绳系表颠[54]，希望北极中大星[55]，引绳致地而识之。又到旦，明日加卯之时，复引绳希望之，首及绳致地而识其两端，[56]相去二尺三寸，故东西极二万三千里。[57]其两端相去正东西，中折之以指表，正南北。加此时者，皆以漏揆度之。[58]此东、西、南、北之时。[59]其绳致地所识，去表丈三寸，故天之中去周十万三千里。[60]何以知其南北极之时也？以冬至夜半北游所极，北过天中万一千五百里，以夏至南游所极不及天中万一千五百里。此皆以绳系表颠而希望之，北极至地所识丈一尺四寸半，故去周十一万四千五百里，过天中万一千五百里；其南极至地所识九尺一寸半，故去周九万一千五百里，不及天中万一千五百里。[61]此璇玑四极南北过不及之法。东、西、南、北之正勾。[62]

（9）璇玑径二万三千里，周六万九千里。此阳绝阴彰，故不生万物。⁽⁶³⁾其术曰，立正勾定之，以日始出，立表而识其晷。日入，复识其晷。晷之两端相直者，正东西也。中折之指表者，正南北也。⁽⁶⁴⁾极下不生万物。何以知之？冬至之日去夏至十一万九千里，万物尽死；夏至之日去北极十一万九千里，是以知极下不生万物。⁽⁶⁵⁾北极左右，夏有不释之冰。⁽⁶⁶⁾

春分、秋分，日在中衡。春分以往日益北，五万九千五百里而夏至。秋分以往日益南，五万九千五百里而冬至。⁽⁶⁷⁾中衡去周七万五千五百里。中衡左右冬有不死之草，夏长之类。⁽⁶⁸⁾此阳彰阴微，故万物不死，五谷一岁再熟。凡北极之左右，物有朝生暮获，冬生之类。⁽⁶⁹⁾

（10）立二十八宿，以周天历度之法：

术曰：倍正南方⁽⁷⁰⁾，以正勾定之。⁽⁷¹⁾即平地径二十一步，周六十三步，令其平矩以水正⁽⁷²⁾，则位径一百二十一尺七寸五分。因而三之，为三百六十五尺、四分尺之一，以应周天三百六十五度、四分度之一。审定分之，无令有纤微。分度以定则正督经纬，而四分之一合各九十一度、十六分度之五。⁽⁷³⁾于是圆定而正。则立表正南北之中央，以绳系颠，希望牵牛中央星之中。⁽⁷⁴⁾则复候须女之星光至者。如复以表绳希望须女先至⁽⁷⁵⁾，定中。即以一游仪⁽⁷⁶⁾希望牵牛中央星，出中正表西几何度，各如游仪所至之尺，为度数。⁽⁷⁷⁾游在于八尺之上，故知牵牛八度。⁽⁷⁸⁾其次星放⁽⁷⁹⁾此，以尽二十八宿度，则定矣。⁽⁸⁰⁾

立周度者⁽⁸¹⁾，各以其所先至游仪度上。⁽⁸²⁾车辐引绳，就中央之正以为毂，则正矣。⁽⁸³⁾

（11）日所出入，亦以周定之。⁽⁸⁴⁾

欲知日之出入，即以三百六十五度、四分度之一而各置二十八宿。以东井夜半中，牵牛之初临子之中。[85]东井出中正表西三十度、十六分度之七，而临未之中，牵牛初亦当临丑之中，于是天与地协。[86]

乃以置周二十八宿。置以定，乃复置周度之中央立正表。以冬至、夏至之日，以望日始出也，立一游仪于度上，以望中央表之晷。晷参正，则日所出之宿度。日入放此。[87]

（12）牵牛去北极百一十五度千六百九十五里二十一步、千四百六十一分步之八百一十九。[88]

术曰：置外衡去北极枢二十三万八千里，除璇玑万一千五百里。其不除者二十二万六千五百里以为实，以内衡一度数千九百五十四里二百四十七步、千四百六十一分步之九百三十三以为法，实如法得一度。不满法，求里、步。约之合三百得一以为实。以千四百六十一分为法，得一里。不满法者三之，如法得百步。不满法者上十之，如法得十步。不满法者又上十之，如法得一步。不满法者，以法命之。[89]次放此。

娄与角去北极九十一度六百一十里二百六十四步、千四百六十一分步之千二百九十六。

术曰：置中衡去北极枢十七万八千五百里，以为实。以内衡一度数为法。实如法得一度。不满法者，求里、步。不满法者，以法命之。[90]

东井去北极六十六度千四百八十一里一百五十五步、千四百六十一分步之千二百四十五。

术曰：置内衡去北极枢十一万九千里，加璇玑万一千五百里，得十三万五百里，以为实。以内衡一度数为法，实如法得一度，不满法求里、步。不满法者，以法命之。[91]

（13）凡八节二十四气^{（92）}，气损益九寸九分、六分分之一。冬至晷长一丈三尺五寸，夏至晷长一尺六寸。问次节损益寸数长短各几何？^{（93）}

冬至晷长丈三尺五寸。

小寒丈二尺五寸，小分五。

大寒丈一尺五寸一分，小分四。

立春丈五寸二分，小分三。

雨水九尺五寸三分，小分二。

惊蛰八尺五寸四分，小分一。

春分七尺五寸五分。

清明六尺五寸五分，小分五。

谷雨五尺五寸六分，小分四。

立夏四尺五寸七分，小分三。

小满三尺五寸八分，小分二。

芒种二尺五寸九分，小分一。

夏至一尺六寸。

小暑二尺五寸九分，小分一。

大暑三尺五寸八分，小分二。

立秋四尺五寸七分，小分三。

处暑五尺五寸六分，小分四。

白露六尺五寸五分，小分五。

秋分七尺五寸五分。

寒露八尺五寸四分，小分一。

霜降九尺五寸三分，小分二。

立冬丈五寸二分，小分三。

小雪丈一尺五寸一分，小分四。

大雪丈二尺五寸，小分五。

凡为八节二十四气，气损益九寸六分、六分分之一。^{（94）}冬至、夏至为损益之始。

术曰：置冬至晷，以夏至晷减之，余为实。以十二为法。实如法得一寸。不满法者十之，以法除之，得一分。不满法者，以法命之。^{（95）}

（14）月后天十三度、十九分度之七。^{（96）}

术曰：置章月二百三十五，以章岁十九除之，加日行一度，得十三度、十九分度之七。此月一日行之数，即后天之度及分。^{（97）}

小岁^{（98）}月不及故舍三百五十四度、万七千八百六十分度之六千六百一十二。

术曰：置小岁三百五十四日、九百四十分日之三百四十八^{（99）}，以月后天十三度、十九分度之七乘之，为实。又以度分母乘日分母为法。实如法，得积后天四千七百三十七度、万七千八百六十分度之六千六百一十二。^{（100）}以周天三百六十五度、万七千八百六十分度之四千四百六十五除之。其不足除者，三百五十四度、万七千八百六十分度之六千六百一十二。此月不及故舍之分度数。^{（101）}佗皆放此。^{（102）}

大岁月不及故舍十八度、万七千八百六十分度之万一千六百二十八。

术曰：置大岁三百八十三日、九百四十分日之八百四十七，以月后天十三度、十九分度之七乘之，为实。又以度分母乘日分母为法。实如法得积后天五千一百三十二度、万七千八百六十分度之二千六百九十八。以周天除之。其不足除者，此月不及故舍

之分度数。^{（103）}

经岁月不及故舍百三十四度、万七千八百六十分度之
万一百五。

术曰：置经岁三百六十五日、九百四十分日之二百三十五，以
月后天十三度十九分度之七乘之，为实。又以度分母乘日分母为
法。实如法得积后天四千八百八十二度、万七千八百六十分度之
万四千五百七十。以周天除之。其不足除者，此月不及故舍之分度
数。^{（104）}

小月不及故舍二十二度、万七千八百六十分度之七千七百
五十五。

术曰：置小月二十九日，以月后天十三度、十九分度之七乘
之，为实。又以度分母乘日分母为法。实如法得积后天三百八十七
度、万七千八百六十分度之万二千二百二十。以周天分除之。其不
足除者，此月不及故舍之分度数。^{（105）}

大月不及故舍三十五度、万七千八百六十分度之万四千
三百三十五。

术曰：置大月三十日，以月后天十三度、十九分度之七乘
之，为实。又以度分母乘日分母为法。实如法得积后天四百一度、
万七千八百六十分度之九百四十。以周天除之。其不足除者，此月不
及故舍之分度数。^{（106）}

经月不及故舍二十九度、万七千八百六十分度之九千四百
八十一。

术曰：置经月二十九日、九百四十分日之四百九十九，以月
后天十三度、十九分度之七乘之，为实。又以度分母乘日分母
为法。实如法得积后天三百九十四度、万七千八百六十分度之

万三千九百四十六。以周天除之。其不足除者，此月不及故舍之分度数。（107）

（15）冬至昼极短，日出辰而入申。（108）阳照三，不覆九。（109）东西相当正南方。（110）夏至昼极长，日出寅而入戌。阳照九，不覆三。东西相当正北方。（111）

日出左而入右，南北行。（112）故冬至从坎，阳在子，日出巽而入坤，（113）见日光少，故曰寒。夏至从离，阴在午，日出艮而入乾，（114）见日光多，故曰暑。

日月失度而寒暑相奸。（115）往者诎，来者信也，（116）故屈信相感。故冬至之后日右行，夏至之后日左行。左者往，右者来。（117）故月与日合为一月，日复日为一日，日复星为一岁。（118）外衡冬至，内衡夏至，六气复返，皆谓中气。（119）

（16）阴阳之数，日月之法。十九岁为一章。四章为一蔀，七十六岁。二十蔀为一遂，遂千五百二十岁。三遂为一首，首四千五百六十岁。七首为一极，极三万一千九百二十岁。生数皆终，万物复始。天以更元，作纪历。（120）

（17）何以知天三百六十五度、四分度之一，而日行一度，而月后天十三度、十九分度之七，二十九日、九百四十分日之四百九十九为一月，十二月、十九分月之七为一岁？（121）

古者包牺、神农制作为历，度元之始。见三光未知其则。（122）日、月、列星，未有分度。日主昼、月主夜，昼夜为一日。日、月俱起建星。（123）月度疾，日度迟。日、月相逐于二十九日、三十日间，而日行天二十九度余，（124）未有定分。于是三百六十五日南极影长（125），明日反短。以岁终日影长，故知三百六十五日者三，三百六十六日者一。故知一岁三百六十五日、四分日之一，岁终也。[126] 月积后天十三周，又与百三十四度余，无虑后天十三度、十九分度之七，未有定。于是日行天七十六周，月行天千一十六周，又合于建星。[127] 置月行后天之数，以日后天之数除之，得十三度、十九分度之七，则月一日行天之度。[128] 复置七十六岁之积月，以七十六岁除之，得十二月、十九分月之七，则一岁之月。[129] 置周天度数，以十二月、十九分月之七除之，得二十九日、九百四十分日之四百九十九，则一月日之数。[130]

（全文完）

注释

（49）从唐代李淳风开始，一直到现代钱宝琮、陈遵妫等学者，都根据这句话而将《周髀算经》所构建宇宙模型中的大地形状理解为球冠形而非平面。事实上这是一个明显的误解。《周髀算经》卷上的原文中，已不止一次表明它的宇宙数理模型的基本假定正是天、地为平行平面，中间相距八万里。而此处也分明只说"极下"之地高于大地六万里，此极下之地即直径为 23000 里的"极下璇玑"，也即本书图 6 中左端所绘高为 h、底半径为 r 的部分。所谓"滂沱四隤而下"，只应理解为此"极下璇玑"由其距大地平面六万里处的尖顶向下逐渐增粗，至底部（即地面）而其直径达到 23000里。一个有力的证据是，如将天、地形状理解为双层球冠的话，"极下者，其地高人所居六万里"就必将完全无法成立——"人所居"之处（比如周地）与"极下"顶端垂直空间距离将根本不可能达到六万里。而钱、陈等在论述中都完全未意识到这一误解造成的上述困难。他们虽然已发现球冠形天地与卷上陈子的地平假定相矛盾，却仍先验地赞成前者而将事实上并不存在的"矛盾"指为《周髀算经》的缺点。此外，如将天地理解为球冠形，则直径为23000里的"极下璇玑"之地也将与大地合为一体而无任何边界可加以区分，这样则"极下璇玑"在《周髀算经》中也将变得毫无意义了，而事实并非如此。

（50）天的正确形状也见图6。

（51）关于"四极四和"的意义，赵爽注称："四和者，谓之极。子午卯酉得东西南北之中，天地之所合，四时之所交，风雨之所会，阴阳之所和。然则百物阜安，草木蕃庶，故曰四和。"这是古代中国传统的看法，将日月星辰的运行规律与整个自然界的和谐联系在一起。

（52）对《周髀算经》宇宙模型中天地形状的传统误解，很大程度上是出于此八字。盖笠和覆槃，其实很难使今人将之想象成球冠形。而且事实上只要注意到这八字只是文学性的描述，只是形象的大致比喻；而天地的准确形状如何，《周髀算经》卷上分明已有颇为严密的数理构造——天地为相距八万里的平行平面。在《周髀算经》这样一个数理天文学体系（与客观真实吻合程度如何是另一问题）中，数理构造和数学描述的权重远大于文学性比喻的片言只语，应该是不言而喻的。

（53）这里对月亮发光原因的陈述还是不甚明确的。故赵爽注称："日者阳之精，譬犹火光；月者阴之精，譬犹水光。水则含影，故月光生于日之所照，魄生于日之所蔽。当日即光盈，就日即明尽。月禀日光而成形兆，故云日兆月也。"虽已明白月光与日光有关系，但尚未明确指出月光是反射日光而来。

（54）颠，通巅，指八尺之表的顶端。

（55）北极为天空中假想的点，再选择位于该点附近较亮的恒星作为北极星。由于岁差的作用，北极在天空中缓慢移动，约26000年而绕一周，因此历代的北极星也就不会始终为同一颗恒星。这样，此处"北极中大星"究竟为哪一颗星，就与《周髀算经》成书于什么时代或其材料来自什么时代这一问题密切相关了。据陈遵妫的意见，此"北极中大星"为今小熊座 β 星，也即古代中国所称的"帝星"（［19］，页174—175）。

（56）参见图9。图中P点为真正的北极所在。由于北极与北极星并不绝对重合，两者间有一个角距离，因此北极星一昼夜间围绕北极在天空中画出一小圆。此小圆的半径实即北极与北极星之间的角距。

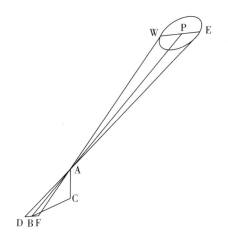

W：冬至日加酉之时，西游所极   E：明日加卯之时，东游所极

AC：所立8尺之表   DF：其端相去2尺3寸

BC：其绳致地所识，去表1丈3寸

图9 "北极璇玑"东、西游图解

（引自［19］，页175）

（57）仍参见图9。据《周髀算经》卷上所推证的"寸影千里"比例，得"极下璇玑"（即"北极璇玑"）直径为23000里。这个数值带有明显的时代标志——因为此值显然直接取决于当时北极与北极星的角距。

（58）漏，指刻漏，古代的计时装置。此处的意思是，前述"加酉之时""加卯之时"等，都是用刻漏计量而得。由图9可知，冬至日加酉之时和明日加卯之时在地上所作记号（"识"）依次为F、D两点，此两点的连线为正东西方向；在此两点连线的中点B处，向北引B与表所在的C点之间的连线，即为正南北方向。

（59）"此东、西、南、北之时"句，各本皆同。但顾观光认为"南、北"二字是衍文，显然无道理。从上下文看，"南、北"当属下句。

（60）仍见图9。据前"寸影千里"比例，得出周地距极下（即此处所云"天中"，因《周髀算经》的整个宇宙都绕北极运转和展开）103000里之值，即卷上图6中的L值。这个值在卷上已提到过它的由来："今立表高八尺以望极，其勾一丈三寸。由此观之，则从周北十万三千里而至极下。"

（61）见图10所示。与图9相仿，图中P点为北极。不过必须特别注意，此图中极星所绕行的小圆与图9中的有一些不同。在图9中，北极星所绕小圆为它做周日拱极运动（因地球的自转，所有恒星一昼夜间都呈现出绕北极一周的拱极视运动）而成，这在天文学上有着实际的观测依据。而这一模式中，要想求得北极星南、北游之极，按理应在某日（是否为冬至或夏至日，即使在《周髀算经》模型中也是完全无关紧要的）夜半和次日日中各"以绳系表颠而希望之"而在地上做出标记，但由于白天不可能看见恒星，故上述方案不可能实施。于是《周髀算经》假定北极星在冬至夜半游至

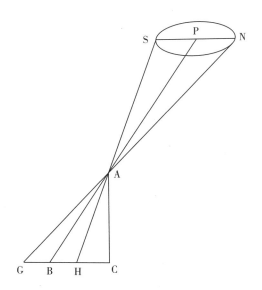

N：冬至夜半北游所极　　　　　　　S：夏至夜半南游所极
GC：北极至地所识 1 丈 1 尺 4 寸半　　HC：其南极至地所识 9 尺 1 寸半

图 10　"北极璇玑"南北游图解
（引自 [19]，页 176）

北端而夏至夜半游至南端，这是同样合理的。

　　——确实也有实际的观测依据，然而这点在《周髀算经》宇宙模型中却反而讲不通。依据《周髀算经》模型，任何一天的夜半，北极星都在同一处。而且，在该模型中，这个北极星画出的小圆仅仅依据图 9 所示的"东西游"，实际上就足以推知了。因此，图 10 中一丈一尺四寸半、九尺一寸半之类的数据，完全可能是编凑出来的，为的是再一次验证"极下璇玑"之直径为 23000 里。而有些学者据此去推算极星的位置和年代等，恐怕是没有意义的。

　　（62）此处赵爽注云："以表为股，以影为勾。影言正勾者，四方之影皆正而定也。"

（63）此处赵爽注云："春秋分谓之阴阳之中，而日光所照适至璇玑之径，为阳绝阴彰，故万物不复生也。"这也再次表明了此"极下璇玑"区域的特殊性，而这一点也只有在本书图6所示的天地模式中方能讲通。

（64）自"其术曰"至"正南北也"一段话，与上下文全无关系，疑为错简或衍文。

（65）这些数据皆可由图6得知。不过这里《周髀算经》的推论方法显然是错误的。作者的推论方法是：夏至日下之地在冬至时远离太阳119000里（仅在二维平面内考虑，未虑及天地相距八万里的三维情形），已经万物尽死；则极下即使在夏至之日也远离太阳119000里，自然万物无生时。但是作者刚刚在前文说过，不生万物的区域是直径达23000里的"极下璇玑"，而不是极下一点；在这23000里直径的圆形内，除面积为零的极下一点外，其全部面积在夏至日离太阳的距离都小于119000里。因此，严格地说，上述推论是不能成立的。然而也应该注意到，作者所推得的结论却与事实相去不远。

（66）这一点确是北极附近的事实。在《周髀算经》的时代，迄今未见任何证据表明中国人有过北极探险的可能，因此《周髀算经》中关于北极地区"不生万物""夏有不释之冰"的描述，只能有如下两个来源：或是作者纯粹根据越向北方越冷的实际经验推论而得，或是得之于外部世界关于地球寒热五带的知识——这种知识至迟在公元前3世纪（相当于中国的战国时代末期）古希腊的埃拉托色尼的著作中已经具备。特别值得注意的是，对于北极附近"夏有不释之冰"的描述，赵爽竟反而表示怀疑，此处其注称："冰冻不解，是以推之，夏至之日外衡之下为冬矣，万物当死——此日远近为冬夏，非阴阳之气，爽或疑焉。"这更证明这些知识对于汉代的中国学者而言仍是非常新奇的。

（67）这些数据都可由图 6 推得。

（68）此"夏长之类"一句不易理解。从句式上看，它似乎应与"冬有不死之草"成对句形式，则此处可能有脱文。但它又可以与后文"冬生之类"形成对文，则又可能并无脱文。赵爽此处注称："此欲以内衡之外、外衡之内，常为夏也。然其修广，爽未之前闻。"这个"内衡之外、外衡之内"，也即"中衡左右"的区域，恰可对应于地球上的热带，即南纬 23.5° 至北纬 23.5° 之间（恰为太阳在冬至到夏至之间赤纬变化的范围）的地带。说这里"五谷一岁再熟"，也很合事实。但赵爽却表示他对这一地带的广袤从未听说过，这反映出汉代中国学者对于热带与对于北极地区一样还缺乏知识。这是不奇怪的，因为中原地区处在北温带之内，古代中国人对于遥远的北方和南方地区还缺乏实际接触。奇怪的倒是《周髀算经》中竟会有这样相当准确的寒热五带知识，以致令后世的赵爽反而不敢相信。换言之，《周髀算经》在这方面的记载是颇为"超前"和奇特的。

（69）此处赵爽注云："北极之下，从春分至秋分为昼，从秋分至春分为夜，物有朝生暮获者，亦有春刍而秋熟；然其所育皆是周地冬生之类，荞麦之属。言左右者，不在璇玑二万三千里之内也。此阳微阴彰，故无夏长之类。"颇能圆通其说。

（70）倍，通"背"，背正南方，即向北方。

（71）"以正勾定之"，赵爽注称："正勾之法：日出入识其晷，晷两端相值者，正东西；中折之以指表，正南北。"参见图 9 及注（58）。

（72）此处赵爽注云："如定水之平，故曰平矩以水正也。"古人为确定仪器安装时的水平度，常利用在底座上设槽放水的办法，其原理与现代的水平仪相同。这里是说用水校正地上这片选定的圆形的水平度。

（73）赵爽在此处注称："南北为经，东西为纬。督亦通正。"南北向的直线称为经，东西向的横线称为纬；这里指将上述大圆用十字线等分成四个象限，则每个象限所对应的角度为 $365\frac{1}{4}$ 度（中国古度，与西方的 360° 不同）的四分之一，即 $91\frac{5}{16}$ 度。

（74）牵牛，指二十八宿中的牛宿，"中央星"为牛宿的距星，又称"中央大星"，即西方星座系统（今通用于全球）中的摩羯座 β 星。中，指上中天，即到正南方天空。

（75）须女，指二十八宿中的女宿，"先至"，指女宿"先至星"，亦即女宿西南星，今宝瓶座 ε 星。该星是女宿的距星。

（76）游仪，赵爽注云："游仪，亦表也。"立在地面大圆中心的表是固定不动的，此外为测量而随处移动以为标识的表，则称为游仪，以区别于圆心处固定之表。

（77）上面这段话所描述的测量步骤，可简述如下：在一块经过修整、确保其水平面的地面上，画一个周长为 $365\frac{1}{4}$ 尺的大圆（为的是与周天 $365\frac{1}{4}$ 度对应），在此圆的圆心处（即"正南北之中央"）立一固定的表竿，在表竿顶部系一根绳，人立于圆心表竿之北的圆周上，拉直绳使之处在正南北的垂直平面（即子午面）内，然后等候牵牛中央星到达上中天的位置（即"中"），此时该星与表顶、人目三点成一线（即所谓"希望"）。此后，牵牛中央星继续西移，逐渐离开正南方天空的上中天位置；这时等候下一颗待测之星——须女先至星来到上中天位置，当须女先至星一达上中天，立刻移动绳末端向左，而使已经偏西的牵牛中央星、表顶与人目三点成一线，此时绳末端与圆周相交之处为图 11 中的 A 点，A 点与子午线相交圆周处的 B 点之间的弧长，即牵牛中央星"出中正表西"的度数，于是在 A′处立游仪为标识。

（78）此处的意思是：在图 11 中，A、B 之间的弧长为八尺，由于前面对大圆周长的特殊选择，恰使周长一尺等于周天一度（中国古度），故可知牵牛中央星与须女先至星之间相距八度。

（79）放，同仿。其余各宿间的距度仿此。

（80）必须特别指出，《周髀算经》在此处所述二十八宿的度数，与古代中国通行的二十八宿度数有着重大区别。从汉代以后，中国通行的二十八宿是一种赤道坐标系统，具体做法是在每宿中选定一颗恒星作为精确测量的标准，称为该宿的距星（如上文提到的牵牛中央星、须女先至星等都是）；下一宿距星与本宿距星的赤径差，称为本宿的距度。按照这种规则，上文说牵牛中央星与须女先至星间差八度，故牵牛之宿的距度为八度。但是，《周髀算经》的上述数据是在水平面的圆上测得的，这样的数据属于地平坐标系，而不是赤道坐标。上述数据的严格意义是：牛宿与女宿两宿距星之间的地平方位角之差为八度。如要测得赤道坐标，则上述大圆形应该位于赤道平面上——在地理纬度为 φ 的地方，赤道平面与当地水平面的夹角为 $90° - \varphi$。事实上，古代中国的赤道式浑仪正是这样装置的。

（81）周度，指在周天建立以二十八宿为标识的坐标系统。注意此处所言仍为地平坐标而非传统二十八宿的赤道坐标。

（82）此处赵爽注云："二十八宿不以一星为体，皆以先至之星

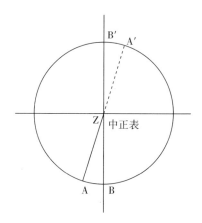

图 11　测二十八宿周天历度示意图

为正之度。"意即上文所言以各宿的距星为测量的标准星。上面仅举了牛宿至其相邻女宿一宿距度的测量过程为例，以下各宿依此类推，最后地面大圆的圆周上将次第插上 28 个游仪，各游仪所在位置即28 颗距星的位置。

（83）此处赵爽注称："以经纬之交为毂，以圆度为辐。知一宿得几何度，则引绳如辐，凑毂为正。"古代将车轮轴心处称为毂，由轴心辐射至轮缘的连接条称为辐。对照图 11，"经纬之交"即圆心立"中正表"之处，正如车轮之毂，由各游仪引向圆心的半径线（假想中的，图 11 中虚线所示）恰如辐条，共同奔向圆心。需要注意的是，这 28 游仪不是等间距的——因为二十八宿各宿跨越的距度参差不齐，最大的井宿（即东井）达三十余度，而最小的觜宿仅两度左右。这一点与车轮辐条不同。

（84）这是说，对于太阳的出入方位等情况，也可借助于二十八宿及地平方位坐标来加以描述（详下）。

（85）此处赵爽注云："东井、牵牛，相对之宿也。东井临午，则牵牛临于子也。"注意这里实际上只是举例而言：因井宿、牛宿为相对之宿，如果井宿在夜半时于午位中天，则牛宿恰在子位中天。特别要注意的是，此处所言午、子等，为地平方位——古人以十二地支表示地平方位，一些至今仍在使用的术语如子午线（正南北方向的直线）、卯酉圈（天球上过正东西点的大圆）等，就是由此而来。这与下文中以十二次（仍用十二地支表示）与二十八宿相对应而作天球划分（见图12）完全不同。

（86）这里将十二次与二十八宿对应起来。这种对应在古代中国有固定的程式，如图12所示。注意图中井宿正在未，而牛宿正在丑。所谓"天与地协"，赵爽注称："协，合也。置东井、牵牛使居丑、未相对，则天之列宿与地所为圆周相应合，得之矣。"这

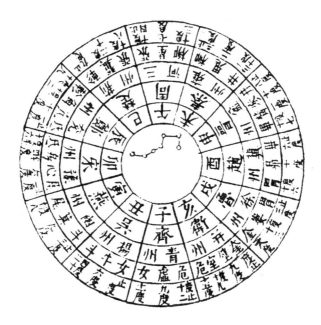

图12　二十八宿与十二次对应图
（引自明·张介宾《类经图翼》页一八）

个说法其实未得正解。因为在这里十二次与二十八宿都是划分天球的，它们如何与地"协"，《周髀算经》未作明确陈述。但这可由古代中国的天学常识推知：所谓"天与地协"，意指天球上坐标既已划定，则由分野体系（将天区与大地上不同地区一一对应，是一种专为星占学服务的理论体系）也就确定了诸次、宿与大地上各地区之间的对应。图 12 原名"二十八宿过宫分野图"，其内起第二、第三圈所标即十二次与古代十二国、十二州之对应，第四圈又为十二次与二十八宿之对应，最外圈为各宿分配给十二次时的起讫度数（有些宿分属两次），非常简明而直观地反映了"天与地协"的含义。

（87）这段话所述之事仍可借助于前文图 11 来理解：设日出于 A′ 处，则中正表 Z 所投下之晷影 ZA 将交圆周于 A，则由 ZA 顺延而确定 A′，在该处立游仪，所标识者即"日所出之宿度"。日入也可照此处理。

（88）此处先述结论，求得此数值的步骤详见下文。注意这里"牵牛去北极"不是指牵牛星距北极的度数，而是指冬至日道——冬至日在牵牛之宿——与北极的距离。"百一十五度千六百九十五里二十一步、千四百六十一分步之八百一十九"，如将其中里、步化为度（中国古度）下之十进小数，则为 115.867 度，亦即 114° 2′ 52″。

（89）这一长段数据及其运算可用现代算式表示如下：

被除数：238000 − 11500 = 226500 里

除数：1954 里 247 $\frac{933}{1461}$ 步/度

此数值系由前文所交代的周天度数除以内衡周长，即"内衡一度数”由 $\dfrac{357000\,里}{365\frac{1}{4}\,度}$ 而得（里下余数化为步，1 里 = 300 步），于是有：

$$\dfrac{226500\,里}{1954\,里\,247\frac{933}{1461}\,步/度}=115\,度\,1695\,里\,21\frac{819}{1461}\,步$$

注意此式右端出现的里、步不是长度，而只是度的零数——根据“内衡一度数”：

1 度 = 1954 里 247$\frac{933}{1461}$ 步

于是 115 度 1695 里 21$\frac{819}{1461}$ 步中的里、步可用如下步骤化为度下的十进小数：

$$\dfrac{1695\,里\,21\frac{819}{1461}\,步}{1954\,里\,247\frac{933}{1461}\,步}=0.867$$

注意运算中要用到 1 里 = 300 步的关系式。于是最后有：

冬至日道距北极 115.867 度。

（90）此处“娄与角去北极”是指春、秋分日道——春、秋分日在娄、角之宿——与北极的距离。系以“内衡一度数”去除中衡半径（本书上卷图 6 中的 R_F）而得。此处“九十一度六百一十里二百六十四步、千四百六十一分步之千二百九十六”，可仿前之法，由

$$\dfrac{610\,里\,264\frac{1296}{1461}\,步}{1954\,里\,247\frac{933}{1461}\,步}=0.3125$$

求得春、秋分日道距北极 91.3125 度，亦即 90°。

（91）此处“东井去北极”是指夏至日道——夏至日在东井——

与北极的距离。系以"内衡一度数"去除130500里（上卷图6中的 $R_x + r$）而得。此处"六十六度千四百八十一里一百五十五步、千四百六十一分步之千二百四十五"，可仿前之法，由

$$\frac{1481 \text{ 里} 155 \frac{1245}{1461} \text{ 步}}{1954 \text{ 里} 247 \frac{933}{1461} \text{ 步}} = 0.758$$

求得夏至日道距北极 66.758 度 = 65° 58′ 8″。

这里特别值得注意，上述三值：

冬至日道距极 115.867 度 = 114° 2′ 52″

二分日道距极 91.3125 度 = 90°

夏至日道距极 66.758 度 = 65° 58′ 8″

与用现代天文学方法推得之值有颇为惊人的吻合程度：以上列第一值减第二值，或以第二值减第三值，均为最基本的天文数据之一——黄赤交角 ε：

$\varepsilon_{\text{周髀}}$ = 24.5545 度 = 24° 2′ 52″

而《周髀算经》时代的黄赤交角值可用纽康公式逆推得出：

$\varepsilon_{100 \text{ B.C.}}$ = 23° 27′ 8.26″ − 46.845″ T

上式只保留一次项，T 的单位为百年，对于公元前 100 年时的黄赤交角值，T 应取 −20（因纽康公式系以 1901 年为起算原点），于是可得：

$\varepsilon_{100. \text{B.C.}}$ ≈ 23° 27′ 8.26″ + 15′ 37″ = 23° 42′ 45″

此值与《周髀算经》中的 24° 2′ 52″ 相差甚微。

然而，《周髀算经》中上述三数值的取得之法，却完全看不出正确的天文学意义。陈遵妫说："这些原非实测，只是推算，而且

是无理的推算。"（［19］）钱宝琮也说："但是这三个'去极度数'的计算方法大可怀疑。为什么把牵牛放在外衡周上，把娄宿、角宿放在中衡周上，把东井宿放在内衡周上，使这四个宿的去极度数和各相当衡周的去极度数相等？为什么这三个极距每一度的弧长都要取内衡周上的一度为标准？为什么……"（［16］）这些疑问可参看新论第3节F。

（92）关于"八节二十四气"，赵爽注称："二至者寒暑之极，二分者阴阳之和，四立者生、长、收、藏之始，是为八节，节三气，三而八之，故为二十四。"注意下文列出了全部二十四节气名称，这是关于完整二十四节气的最早文献之一，与《淮南子·天文训》中出现的二十四节气名称（被认为是最早的完备记载）在年代上至少是不相上下。

（93）由下文所列数据及"术曰"可知，《周髀算经》解答这一问题的做法是：将冬、夏至日晷影长度之差以12除，亦即作线性内插。这种做法实际上假设太阳的周年视运动为匀速（事实上非匀速），也与每一节气时的实测晷长明显不符，李淳风曾指出这一点。

（94）所谓"六分分之一"，系对"分"以下一位改为六分法（丈、尺、寸、分皆十进位）。这种做法有些奇特，何以要如此，值得探讨。

（95）这段运算可用现代算式表述如下：设以寸为单位，则冬至晷长为135，夏至晷长为16，135 − 16 ＝ 119，以12除之，则有：

$$\frac{119}{12} = \frac{595}{60} = 9 + \frac{9}{10} + \frac{1}{60}$$

上式右端即"九寸九分、六分分之一"。

（96）所谓"月后天"，赵爽注云："月后天者，月东行也。此见日月与天俱西南游，一日一夜天一周而月在昨宿之东，故曰后天。"实即月在天球上东行视运动所走过的度数。下文"月不及故舍"也指同一现象，亦即"月在昨宿（或作为起算点的某宿）之东"。

（97）据十九年七闰法则，19 回归年恰等于 235（19×12＋7）朔望月，换言之，日在天球上东行 19 周（每年 1 周）则月恰在天球上东行 235 周，日与月又相合于原点，因此日东行 1 度，月离日东行 $\frac{235}{19}$ 度，于是"月后天"度数为：

$$1 + \frac{235}{19} = 1 + 12\frac{7}{19} = 13\frac{7}{19} \text{ 度}$$

（98）此处及下文依次出现小岁、大岁、经岁、小月、大月、经月六个术语，其定义相互有关联，兹列出如下：

经岁：即回归年，$365\frac{1}{4}$ 日。

经月：即朔望月，由回归年日数及十九年七闰法则，有等式

235 经月 ＝ 19 × $365\frac{1}{4}$ 日，

故经月日数为：$365\frac{1}{4} \times \frac{19}{235} = 29\frac{499}{940}$ 日。

小岁：指 12 经月。

大岁：指 13 经月。

小月：指 29 日。

大月：指 30 日。

注意经岁日数在大、小岁之间，经月日数在大、小月之间。

（99）由定义，小岁日数 ＝ 12 × 经月日数，即

$$12 \times 29\frac{499}{940} = 354\frac{348}{940} \text{ 日}$$

（100）"小岁月不及故舍"度数等于小岁日数 × "月后天"度数，即

$$354\frac{348}{940} \times 13\frac{7}{19} = 4737\frac{6612}{17860} \text{ 度}$$

但此值仅为累计之值，由于周天仅 $365\frac{1}{4}$ 度，故此值还需经下文进一步处理。

（101）将上文求得之 $4737\frac{6612}{17860}$ 度以 $365\frac{1}{4}$ 度累减之，至不足 $365\frac{1}{4}$ 度之余数，方为实际反映在天球上的"小岁月不及故舍"度数：

$$4737\frac{6612}{17860} - 12 \times 365\frac{1}{4}$$

$$= 4737\frac{6612}{17860} - 12 \times 365\frac{4465}{17860}$$

$$= \frac{6329052}{17860} = \frac{354 \times 17860 + 6612}{17860}$$

$$= 354\frac{6612}{17860} \text{ 度}$$

（102）"佗皆放此"，即"他皆仿此"，指下文大岁、经岁、小月、大月、经月的"月不及故舍"度数皆用同样方法求得。

（103）大岁日数 = 13 × 经月日数 = $13 \times 29\frac{499}{940} = 383\frac{847}{940}$ 日，再以"月后天"度数乘之：

$$383\frac{847}{940} \times 13\frac{7}{19} = 5132\frac{2698}{17860} \text{ 度}$$

上值以周天度数 $365\frac{1}{4}$ 除之，所得余数即"大岁月不及故舍"度数：

$$5132\frac{2698}{17860} - 14 \times 365\frac{4465}{17860} = \frac{333108}{17860}$$

$$\frac{333108}{17860} = 18\frac{11628}{17860}\text{度}$$

（104）经岁日数＝回归年日数＝$365\frac{1}{4} = 365\frac{235}{940}$ 日，再以"月后天"度数乘之：

$$365\frac{235}{940} \times 13\frac{7}{19} = 4882\frac{14570}{17860}\text{度}$$

上值以周天度数 $365\frac{1}{4}$ 累减之，所得余数即"经岁月不及故舍"度数：

$$4882\frac{14570}{17860} - 13 \times 365\frac{4465}{17860} = \frac{2403345}{17860}$$

$$\frac{2403345}{17860} = 134\frac{10105}{17860}\text{度}$$

（105）小月日数依定义为 29 日，再以"月后天"度数乘之：

$$29 \times 13\frac{7}{19} = 387\frac{12220}{17860}\text{度}$$

上值以周天度数 $365\frac{1}{4} = 365\frac{4465}{17860}$ 度减之，所得即"小月不及故舍"度数（注意此处数值"积后天"甚小，无须累减）：

$$387\frac{12220}{17860} - 365\frac{4465}{17860} = 22\frac{7755}{17860}\text{度}$$

（106）大月日数以"月后天"乘之：

$$30 \times 13\frac{7}{19} = 401\frac{940}{17860}\text{度}$$

$$401\frac{940}{17860} - 365\frac{4465}{17860} = 35\frac{14335}{17860}\text{度}$$

此即"大月不及故舍"度数。

（107）经月日数以"月后天"乘之：

$$29\frac{499}{940} \times 13\frac{7}{19} = 394\frac{13946}{17860} \, 度$$

$$394\frac{13946}{17860} - 365\frac{4465}{17860} = 29\frac{9481}{17860} \, 度$$

（108）参见图 13，冬至之日太阳从辰位升起，西行至申位落入地平。

（109）仍参见图 13，"阳照三"指冬至日白昼太阳仅照耀巳、午、未三位，其余九位不能覆盖（照耀）。

（110）指如在辰、申方位间引一直线，则此直线在（观测者所在地——周地）南面。

（111）仍见图 13，夏至日太阳从寅位升起，西行（经过南方）而至戌位落入地平；此日太阳可照耀从寅经卯、辰……至戌共九位，故说"阳照九，不覆三"；此时在寅、戌位间引直线，则此直线在周地之北。值得注意的是，上面这一段对日出入方位的描述完全符合实际情况。诚如陈遵妫所指出的："我们知道周城地方，即北纬三十四度多的地区，夏至日出时候，太阳的方位是东偏北约三十度，正是寅位；日入时候，太阳方位是西偏北约三十度，正是戌

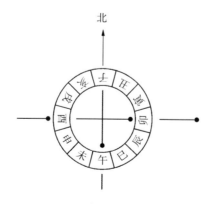

图 13　十二辰方位之图

位……同样，冬至日出时候，太阳方位是东偏南二十八度多，正是辰位；日入时候，太阳方位是西偏南二十八度多，正是申位。"（[19]，页166—167）

（112）此处赵爽注云："圣人南面而治天下，故以东为左，西为右。日冬至从南而北，夏至从北而南，故曰南北行。"面南背北，左东右西，是古代中国习用的方位约定，《周髀算经》下文也用此约定。

（113）参见图14，此图中国古代术数家称之为"后天八卦图"（另有"先天八卦图"，与此稍有不同）。所谓"冬至从坎，阳在子"，可将图13、图14同时参看，"坎"卦适当子位，代表正北方；至于"阳"，赵爽注云"阳气所始起"，实为古人的抽象概念，非太阳本身。"日出巽而入坤"，则由图14可见，正与前文"日出辰而入申"为等价陈述。

（114）与冬至时相仿，夏至时"阳气"在由图13中的午位、图14中的"离"卦所代表的正南方；"日出艮而入乾"，由图13、图14可知，正是"日出寅而入戌"之意。

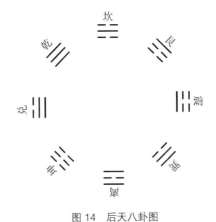

图14　后天八卦图

（115）这是中国古代常见的说法。一方面固然可以解释成"历法准确则反映的寒暑适时"之意，但古人深具天人感应、天人合一观念，常认为日月自身也会（因社会黑暗等原因）运行失常（即失度），而由此就会导致气候混乱失调（即所谓"寒暑相奸"）。

（116）"信"同"伸"，相对于"屈"而言。对此赵爽注云："从夏至南往，日益短，故曰诎（按：义同"屈"）；从冬至北来，日益长，故曰信。"赵注所言南往北来，如将观察点置于周地，则参看上卷图 6 就很容易理解。亦可借助于图 13，假设在其上作不同季节的日出入方位连线，则此线从夏至后往南移，到冬至又向北移回。

（117）此处赵爽注称："冬至日出从辰来北，故曰右行；夏至日出从寅往南，故曰左行。"古人常见以左指东，右指西，但亦有以左称南，右称北者，较少见。此处左右之说，颇为牵强，且易招致混淆。

（118）此处"月"指朔望月。"日"严格地说应是平太阳日。"年"，按"日复星"（即太阳在天球上相对某一恒星而言回到原来位置）的定义，应是恒星年；这与《周髀算经》上下文中一直使用的回归年（太阳两次经过春分点的时间间隔）有微小区别（恒星年＝365.25636 日，回归年＝365.24220 日——均指现代值，与《周髀算经》所使用的 $365\frac{1}{4}$ 日不同），但看来《周髀算经》的作者尚未注意到这一区别。

（119）参看卷上图 8，七衡图中间有六个间隔（故图 8 又得名"七衡六间图"），恰代表"六气复返"——太阳在一年中由外衡至内衡再复归外衡，两次经过六间，正为十二中气〔请同时参见卷上注（41）〕。

（120）在章、蔀、遂、首、极这一系列周期中，章19年，来源于十九年七闰法，使回归年与朔望月建立整数关系：

19 回归年 ＝ 19×12＋7 ＝ 235 朔望月

蔀则在年、月、日三者之间同时建立整数关系：

76 年 ＝ 235 月 ＝ 27740 日

以下由蔀至遂、首、极，则主要出于数字神秘主义之附会。比如赵爽注引《易纬·乾凿度》"至德之数，先立金、木、水、火、土五，凡各三百四岁"以解释遂，引《春秋纬·考灵曜》"日月首甲子冬至，日、月、五星俱起牵牛初，日、月若合璧，五星如联珠，青龙甲寅摄提格"以解释首，等等。但其中也有一些天文历法的实际意义，如：

1 首 ＝ 3 遂 ＝ 3×20 蔀 ＝ 60 蔀

由于古代中国的纪日干支以 60 为周期轮换，故一首（4560年）这一周期内不仅年、月、日都有整数关系，且能令起始之日的干支与 4560 年前的此日相同——通常的理想状况是：岁首初一冬至日，日干支为甲子，以此为起算点，则 4560 年后此日一切复原，又重新开始。

（121）以下有"周天除之，其不足除者，如合朔"三句，全然不可解。钱宝琮引顾观光之说谓"此与上下文不相属……殊无文理……并当删"，可从。

（122）此处赵爽注云："三光，日、月、星；则，法也。"

（123）此处赵爽注称："建六星在斗上也。日、月起建星，谓十一月朔旦冬至也。为历术者，度起牵牛前五度，则建星其近也。"但由于岁差的作用，春分点——冬至点也一样——逐年移动，故日、月起某星，也不是万古不变的。

（124）此处是指太阳在上述"二十九日、三十日间"即一个朔望月中在天球上向东移动了二十九度多（指太阳的周年视运动，与每日的东升西落是两回事）。

（125）南极影长，指冬至日太阳运行到最南端，此日的晷影最长。

（126）这是说《周髀算经》所采用的回归年长度（ $365\frac{1}{4}$ 日）系自实测得来。

（127）参见上文注（104），月球在一回归年中"积后天"13周天又134度多。这里则说，在未确定"月后天"（每天东行 $13\frac{7}{19}$ 度）数值之前，人们先观测到了：76年间（日行76周天）月球运行了1016周天，恰好又重在天球上建星处会合——注意这一关系式中实际上引入了"恒星月"的新概念，这是《周髀算经》前文未出现过的。恒星月指月球两次经过恒星间同一点的时间间隔，它比朔望月——月球两次与太阳会合的时间间隔——要短约两天。因此有如下关系式：

76回归年＝940朔望月＝1016恒星月

（128）这里给出了求"月后天"之值［参见注（97）］的另一办法：由于月行1016周天中日行76周天，则日行1度时月行度数为：

$$\frac{1016}{76} = \frac{13\times76+28}{76} = 13\frac{28}{76} = 13\frac{7}{19} \text{ 度}$$

故此处原文中的"月行后天"与"日后天"应改为"月行天"及"日行天"，方才正确。

（129）76年之积月，仍可由十九年七闰法求出：

76回归年＝4×（19×12＋7）＝940朔望月，则1回归年中的朔望月数为：

$$\frac{940}{76} = \frac{12 \times 76 + 28}{76} = 12\frac{7}{19}$$

（130）1 回归年（$365\frac{1}{4}$ 日）中既有 $12\frac{7}{19}$ 个朔望月，则 1 朔望月中的日数为：

$$\frac{365\frac{1}{4}}{12\frac{7}{19}} = \frac{19\,(1460+1)}{4\,(228+7)} = 29\frac{499}{940}$$

这里经文省略了对周天度数＝回归年日数这一环节的交代。其实，中国古代分周天为 $365\frac{1}{4}$ 度，就是由回归年日数为 $365\frac{1}{4}$ 日（此值可由多年观测获得）而来的。

（全文完）

附　录

Ⅰ. 宋鲍澣之《周髀算经》跋

鲍澣之，字仲祺，南宋括苍人。平日留心数学古籍，广为搜集。嘉定六年（1213年）他知汀州军州，因北宋元丰七年（1084年）秘书省刻本《算经十书》到当时已很少见到传本，乃于任上将其翻刻印行。《周髀算经》为《算经十书》之首，鲍澣之为《周髀算经》撰写了一篇跋记，略述此书流传、注释等情况。

《周髀算经》二卷，古盖天之学也。以勾股之法，度天地之高厚，推日月之运行，而得其度数。其书出于商周之间，自周公受之于商高，周人志之，谓之《周髀》，其所从来远矣。《隋书·经籍志》有《周髀》一卷，赵婴注；《周髀》一卷，甄鸾重述。而唐之《艺文志》天文类有赵婴注《周髀》一卷、甄鸾注《周髀》一卷，其历算类仍有李淳风注《周髀算经》二卷，本此一书耳。至于本朝《崇文总目》，与夫《中兴馆阁书目》，皆有《周髀算经》二卷，云赵君卿注、甄鸾重述、李淳风等注释。赵君卿，名爽，君卿，其字也。如是，则在唐以前，则有赵婴之注；而本朝以来，则是赵爽之本。所记不同。意者赵婴、赵爽，止是一人，岂其文字相类，转写之误耶？然亦当以隋唐之书为正可也。又《崇文总目》及李籍《周髀音义》，皆云赵君卿不详何代人，今以序文考之，有曰"浑天有《灵宪》之文，盖天有《周髀》之法"，《灵宪》乃张衡之所作，实后汉安顺之世；而甄鸾之重述者，乃是解释君卿之所注，出于宇文周之世，以此推之，则君卿者其亦魏晋之间人乎？若夫乘勾股朱黄之实，立倍差减并之术，以尽开方之妙，百世之下，莫之可易，则君卿者诚算学之宗师也。

嘉定六年癸酉十一月一日丁卯冬至，承议郎权知汀州军州兼管内劝农事主管坑冶括苍鲍澣之仲祺谨书。

——录自丛书集成本《周髀算经》，商务印书馆（1937）

Ⅱ.《四库全书总目》的《周髀算经》提要

18 世纪末，清朝政府集中大批人力物力修成《四库全书》，在纂修期间，对采入和未采入《四库全书》的一万余种书籍都分别写有内容提要，后将这些提要分类编排，汇成一书，名为《四库全书总目》。所有这些提要的撰写、统稿和润色，以《四库全书》总纂官纪昀所做工作最多。《周髀算经》收入《四库全书》子部天文算法类。当时盛行自我陶醉的"西学中源"说，因而《提要》对《周髀算经》说了不少虚骄自大语，这是不足取的。但从研究《周髀算经》的历史角度而言，则仍不失其参考价值。

案《隋书·经籍志》天文类，首列《周髀》一卷，赵婴注；又一卷，甄鸾重述。《唐书·艺文志》，李淳风释《周髀》二卷，与赵婴、甄鸾之注列之天文类，而历算类中复列李淳风注《周髀算经》二卷，盖一书重出也。

是书内称：周髀长八尺，夏至之日，晷一尺六寸。盖髀者，股也，于周地立八尺之表以为股，其影为勾，故曰周髀。其首章周公与商高问答，实勾股之鼻祖。故《御制数理精蕴》载在卷首而详释之，称为成周六艺之遗文。荣方问于陈子以下，徐光启谓为千古大愚，今详考其文，惟论南北影差以地为平远，复以平远测天，诚为臆说，然与本文已绝不相类，疑后人传说而误入正文者。如《夏小正》之经、传参合，傅崧卿未订以前，使人不能读也。

其本文之广大精微者，皆足以存古法之意，开西法之源。如书内以璇玑一昼夜环绕北极一周而过一度，冬至夜半璇玑起北极下子位，春分夜半起北极左卯位，夏至夜半起北极上午位，秋分夜半起北极右酉位，是为璇玑四游所极，终古不变。以七衡六间测日躔发敛，冬至日在外衡，夏至日在内衡，春秋分在中衡，当其衡为中气，当其间为节气，亦终古不变。

古盖天之学，此其遗法。盖浑天如球，写星象于外，人自天外观天；盖天如笠，写星象于内，人自天内观天，笠形半圆，有如张盖，故称盖天。合地上地下两半圆体，即天体之浑圆矣。其法失传已久，故自汉以迄元、明，皆主浑天。

明万历中，欧逻巴人入中国，始别立新法，号为精密。然其言地圆，即《周髀》所谓地法覆盘，滂沱四隤而下也；其言南北里差，即《周髀》所谓北极左右夏有不释之冰、物有朝生暮获，中衡左右冬有不死之草、五谷一岁再熟，是为寒暑推移，随南北不同之故；及所谓春分至秋分极下常有日光，秋分至春分极下常无日光，是为昼夜永短，随南北不同之故也。其言东西里差，即《周髀》所谓东方日中，西方夜半；西方日中，东方夜半。昼夜易处如四时相反，是为节气合朔加时早晚，随东西不同之故也。又李之藻以西法制浑盖通宪，展昼短规使大于赤道规，一同《周髀》之展外衡使大于中衡。其《新法历书》述第谷以前西法，三百六十五日四分日之一，每四岁之小余成一日，亦即《周髀》所谓三百六十五日者三，三百六十六日者一也。西法出于《周髀》，此皆显证，特后来测验增修，愈推愈密耳。《明史·历志》谓：尧时宅西居昧谷，畴人子弟散入遐方，因而传为西学者，固有由矣。

此书刻本脱误，多不可通，今据《永乐大典》内所载，详加校订。补脱文一百四十七字，改讹舛者一百一十三字，删其衍复者十八字。旧本相承，题云汉赵君卿注，其自序称"爽以暗蔽"，注内屡称"爽或疑焉""爽未之前闻"，盖即君卿之名。然则隋、唐志之赵婴，殆即赵爽为讹舛。注引《灵宪》《乾象》，则其人在张衡、刘洪后也。旧有李籍《音义》，别自为卷，今仍其旧。书内凡为图者五，而失传者三，讹舛者一，谨据正文及注为之补订。

古者九数惟《九章》《周髀》二书，流传最古，讹误亦特甚，然溯委穷源，得其端绪，固术数家之鸿宝也。

——录自《四库全书总目》卷一〇六子部天文算法类一，

中华书局影印本（1965），页 891—892

Ⅲ. 赵爽《周髀算经》注中的勾股论

赵爽在《周髀算经》卷上的注文中，插入一篇短文专论勾股之术。这篇勾股论中特别值得注意的一点是：赵爽所论证的勾股定理已具有普遍适用的形式，不再局限于《周髀算经》原文中"勾三股四弦五"的特殊情形。本篇原有赵爽所绘之图相辅而行，故文中有"朱实""黄实"等语，但原图都已佚失，传世各本中之图，颇多错误，钱宝琮认为系后人杜撰。钱宝琮乃根据赵爽原文重新绘制并详加解说，见附录Ⅳ，应与本篇相参研读。还有一点值得指出，赵爽证明勾股定理，主要是应用了等面积原理；而西方历史上对勾股定理的一些著名论证，如欧几里得（Euclid）、达·芬奇、威伯（Wipper）、爱泼斯坦（Epstein）、潘利迦（H. Perigal）等人所作的，采用图形移补之法，所依据的也是等面积原理。在这一问题上，东西方的先哲们可谓不约而同。

勾、股各自乘，并之为弦实。开方除之，即弦。案弦图又可以勾、股相乘为朱实二，倍之为朱实四。以勾、股之差自相乘为中黄实。加差实一亦成弦实。以差实减弦实，半其余。以差为从法，开方除之，复得勾矣。加差于勾，即股。凡并勾、股之实即成弦实。或方于内，或矩于外。形诡而量均，体殊而数齐。勾实之矩以股弦差为广，股弦并为衺。而股实方其里。减矩勾之实于弦实，开其余即股。倍股在两边为从法，开矩勾之角即股弦差。加股为弦，以差除勾实，得股弦并。以并除勾实，亦得股弦差。令并自乘，与勾实为实，倍并为法。所得亦弦。勾实减并自乘，如法为股，股实之矩以勾弦差为广，勾弦并为衺。而勾实方其里。减矩股之实于弦实，开其余即勾。倍勾在两边为从法，开矩股之角即勾弦差。加勾为弦。以差除股实，得勾弦并。以并除股实，亦得勾弦差。令并自乘与股实为实。倍并为法，所得亦

弦。股实减并自乘，如法为勾。两差相乘，倍而开之，所得，以
股弦差增之，为勾。以勾弦差增之，为股。两差增之，为弦。倍
弦实列勾股差实，见并实者，以图考之，倍弦实满外大方而多黄
实。黄实之多，即勾股差实。以差实减之，开其余，得外大方。
大方之面，即勾股并也。令并自乘，倍弦实乃减之，开其余，得
中黄方。黄方之面，即勾股差。以差减并而半之，为勾。加差于
并而半之，为股。其倍弦为广袤合，令勾、股见者自乘为其实，
四实以减之，开其余，所得为差。以差减合，半其余为广。减广
于弦，即所求也。观其迭相规矩，共为返覆，互与通分，各有所
得。然则统叙群伦，宏纪众理，贯幽入微，钩深致远。故曰：其
裁制万物，唯所为之也。

——录自钱宝琮校点《算经十书》，中华书局（1963），页 18

Ⅳ．钱宝琮对赵爽勾股论的解说

赵爽的勾股论见附录Ⅲ，这篇文献因附图佚失，加以古今数学
表达方式差异甚大，解读十分困难。著名数学史家钱宝琮对这篇文
献做了深入研究，依据原文文意补绘了附图，并改用现代数字表达
式将其内容加以解说，使得千载旧籍一朝以全新面目出现于现代读
者之前，重放光辉。

传本《周髀算经》中的"勾股圆方图"说有很多错误文字，
所附的图也是后人的杜撰，与赵爽原意不能符合。我们校读原文
并补绘图形，用现代数学符号叙述如下：
勾股图说中的勾股定理，赵爽写成"勾、股各自乘，并之

为弦实，开方除之即弦"，它的证明利用着一个"弦图"。赵爽所谓"弦实"是弦平方的面积，"弦图"是以弦为方边的正方形。在"弦图"内作四个相等的勾股形，各以正方形的边为弦，如图1。赵爽称这四个勾股形面积为"朱实"，称中间的小正方形面积为"黄实"。设 a，b，c 为勾股形的勾、股、弦，则一个朱实是 $\frac{1}{2}ab$，四个朱实是 $2ab$，黄实是 $(b-a)^2$，所以 $c^2 = 2ab + (b-a)^2 = a^2 + b^2$，这就证明了 $a^2 + b^2 = c^2$，$c = \sqrt{a^2 + b^2}$ 。

又，阔 a，长 b 的长方形，长阔差是 $b-a$，面积是 $ab = \frac{1}{2}\left[c^2 - (b-a)^2\right]$，故 $x = a$ 时，$x^2 + (b-a)x = \frac{1}{2}\left[c^2 - (b-a)^2\right]$。如果已知 $(b-a)$ 和 c，开上到"带从平方"（解二次方程）即得 $x = a$。

在"弦图"内挖去一个以股 b 为方边的正方形，如图2所示，余下来的是一个曲尺形，它的面积是 $c^2 - b^2 = a^2$，赵爽叫它"勾实之矩"。如果把这个"勾实之矩"依虚线处剪开，拼成一个长方形，它的阔是 $c-b$，长是 $c+b$。所以 $a^2 = (c-b)(c+b)$，$a = \sqrt{(c-b)(c+b)}$ 。

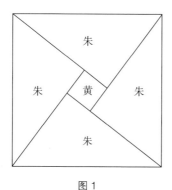

图 1

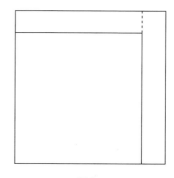

图 2

因这个长方形的长阔差是 $2b$，故 $x^2 + 2bx = a^2$ 的正根是 $c - b$。又，

$$c + b = \frac{a^2}{c - b}, \quad c - b = \frac{a^2}{c + b},$$

$$c = \frac{(c + b)^2 + a^2}{2(c + b)}, \quad b = \frac{(c + b)^2 - a^2}{2(c + b)}。$$

同样，在弦图内挖去一个以勾 a 为方边的正方形，如图 3，余下来的曲尺形称为"股实之矩"，它的面积是 $c^2 - a^2 = b^2$。把"股实之矩"依虚线处剪开，拼成一长方形，它的阔是 $c - a$，长是 $c + a$，所以

$$b^2 = (c - a)(c + a),$$

$$b = \sqrt{(c - a)(c + a)}。$$

因这个长方形的长阔差是 $2a$，故 $x^2 + 2ax = b^2$ 的正根是 $c - a$。又

$$c - a = \frac{b^2}{c + a}, \quad c + a = \frac{b^2}{c - a},$$

$$c = \frac{(c + a)^2 + b^2}{2(c + a)}, \quad a = \frac{(c + a)^2 - b^2}{2(c + a)}。$$

又将图 3 旋转 180°，合在图 2 的上面，就是图 4。图中小正

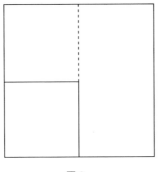

图 3

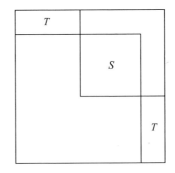

图 4

　《周髀算经》新论·译注

方形 S 的边长是 $a + b - c$，左上角和右下角的二长方形，阔是 $c - b$，长是 $c - a$，面积 $T = (c - a)(c - b)$。

因 $a^2 + b^2 - S = c^2 - 2T$，

故 $2T = S$，

$2(c - a)(c - b) = (a + b - c)^2$。

所以

$$\sqrt{2(c - a)(c - b)} + (c - b) = a,$$
$$\sqrt{2(c - a)(c - b)} + (c - a) = b,$$
$$\sqrt{2(c - a)(c - b)} + (c - a) + (c - b) = c。$$

在图 1 的"弦图"之外再加上四个朱实，拼成一个以 $a + b$ 为方边的正方形，如图 5。这个正方形的面积比两个"弦实" $2c^2$，少一个"黄实" $(b - a)^2$，所以

$(a + b)^2 = 2c^2 - (b - a)^2$。

因得

$$a + b = \sqrt{2c^2 - (b - a)^2} ,$$
$$b - a = \sqrt{2c^2 - (b + a)^2} ,$$
$$b = \frac{1}{2}[(a + b) + (b - a)] ,$$
$$a = \frac{1}{2}[(a + b) - (b - a)]。$$

赵爽在他的勾股图说里，又提出了一个已知长方形面积与长阔和求长、阔的问题。设长方形面积为 A，长阔和是 K，他的解法是：先求出长阔差等于 $\sqrt{K^2 - 4A}$，因而得到阔等于 $\frac{1}{2}(K - \sqrt{K^2 - 4A})$，长等于 $K - \frac{1}{2}(K - \sqrt{K^2 - 4A})$。

这个解法也是以面积图形为根据的。如图 6，在正方形 K^2 内，减去四个长方形 $4A$ 后，所余的是长阔差的平方。开平方得长阔差。和、差相减折半得阔，从和内减去阔得长。用代数符号

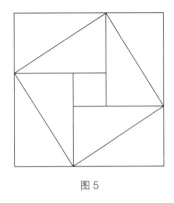

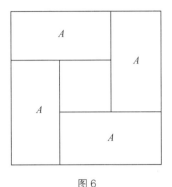

图 5　　　　　　　　　　　　　　　　图 6

表达出来，设 x 为阔，则

$$x(K-x)=A$$

或

$$-x^2+Kx=A_。$$

解二次方程得

$$x=\frac{1}{2}\left(K-\sqrt{K^2-4A}\right)$$

上面的二次方程中 x^2 的系数是 -1，这和"带从平方"不同，所以赵爽不用开带从平方法去求它的根。

——录自钱宝琮主编《中国数学史》，科学出版社（1981），页57—60

Ⅴ．欧几里得对勾股定理的证明

勾股定理在西方习称为毕达哥拉斯（Pythagoras）定理。毕氏为公元前六七世纪之交时人。事实上，早在毕氏之前一千多年，古巴比伦人就已经知道这一定理。而毕氏自己是否为这一定理做出过证明，也未有确切证据。但毕氏之后的两千年间，西方才智之士不断对这一定理做出各自的证明，这些不同的证明方案至少有370种。欧几里得在他的《几何原本》第一卷命题 47 中对这一定理的证明，被认为是特别简洁、优美的一个，他所用的图形还被美称为"修士头巾"或"新娘轿椅"。欧几里得也是依据等面积原理来完成证明的。欧几里得生活在公元前 300 年左右，相当于中国的战国时代晚期。

如图所示，△ABC 为直角三角形（其中 $\overline{AC}$ 为勾，$\overline{AB}$ 为股，$\overline{BC}$ 即弦）。利用关于三角形面积的定理，立刻可以证出：△ABD 与 △FBC 面积相等，而矩形 BL 的面积＝2 倍的 △ABD 的面积，正方形 GB 的面积＝2 倍的 △FBC 的面积，于是有矩形 BL 的面积＝正方形 GB 的面积。仿此又可证得：矩形 CL 的面积＝正方形 AK 的面积。这样就有：

$$\overline{AC^2} + \overline{AB^2} = \overline{BC^2},$$

亦即

勾^2＋股^2＝弦^2。

——依据 M. 克莱因（Kline）著、张理京等译《古今数学思想》（第一册），上海科学技术出版社（1979），页 73

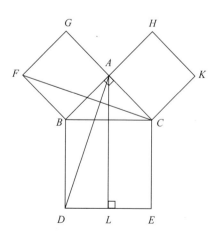

VI. 古罗马工程师对勾股定理的记述

古罗马著名军事工程师维特鲁威（Vitruvius）于公元前1世纪写成《建筑十书》，是现存最完备的西方古典建筑学大全。然而其中的"第九书"全是讨论天文学问题，几乎与建筑毫无关系。在"第九书"的序言中，维特鲁威记述了勾股定理。奇怪的是，此时欧几里得的普适证明早已完成了二百余年，但维特鲁威却仅记述了勾三股四弦五的特殊情况——恰与《周髀算经》原文的情形一样。

> 又毕达哥拉斯说明了不按匠师们的做法也可以求出直角。匠师们虽然作了非常的努力，还几乎不能够正确地作出直角，可是应用他的教程的理论和方法却完全能够说明它。即取三根直杆，其中一根三尺，另一根四尺，第三根五尺。如果把这三根直杆组合起来，形成三角，使其在尖端互相接触，那么它就会形成完全的直角。如果在三根直杆的各个的长度上各自绘出等边方形，那么边宽三尺的方形就成为面积九尺，四尺的方形就成为十六尺，五尺的方形就成为二十五尺。
>
> 这样，一边之长五尺的方形便得到三尺和四尺的两个方形做成的面积尺数相等的面积。当毕达哥拉斯发现了这（定理）时，他相信这一发现是由穆萨厄启示的，据说非常感谢，就向穆萨厄进献了牺牲。这个方法如同适用于各种事项和测量一样，在建筑方面当建造楼梯时，为使踏步适度而保持水平，也早已应用了。
>
> ——录自高履泰译《建筑十书》，中国建筑工业出版社
>
> （1986），页198

Ⅶ. 唐李淳风所论周髀晷影之长

《周髀算经》的宇宙模型中，天与地为相距 80000 里的平行平面，只是在中央北极所在之处才各自相应隆起一高 60000 里、底面直径为 23000 里的柱形（详见本书译注图 6 所示）。在这一模型之中，《周髀算经》所构造的数理都能自洽，"日影千里差一寸"的关系式也完全能够成立。但是由于这种宇宙模型并未反映客观真实，上述关系式也不能与实际观测吻合。据传统的说法，浑天说虽在古代中国长期占据统治地位，但盖天说"日影千里差一寸"的关系式却一直被接受和相信着，直到 724 年一行和南宫说等人的大规模天文测量后才被否定。然而，从下面这篇文献来看，李淳风早已列举历史上的实测记录，明确否定了"日影千里差一寸"的关系式。这是李淳风在注释《周髀算经》时附录的大批前代记录以及他所作的排比分析。

　　且自古论晷影差变，每有不同。今略其梗概，取其推步之要。

　　《尚书·考灵曜》云："日永影尺五寸，日短一十三尺。日正南千里而减一寸。"张衡《灵宪》云："悬天之晷，薄地之仪，皆移千里而差一寸。"郑玄注《周礼》云："凡日影于地，千里而差一寸。"王蕃、姜岌因此为说。按前诸说，差数并同，其言更出书，非真有此。以事考量，恐非实矣。

　　谨案宋元嘉十九年岁在壬午，遣使往交州度日影，夏至之日影在表南三寸二分。《太康地理志》：交趾去洛阳一万一千里，阳城去洛阳一百八十里。交趾西南望阳城、洛阳，在其东北。较而言之，今阳城去交趾近于洛阳去交趾一百八十里，则交趾去阳城一万八百二十里，而影差尺有八寸二分，是六百里而影差一寸也。况复人路迂回，羊肠曲折，方于鸟道，所较弥多。以事验之，又未盈五百里而差一寸，明矣。千里之言，固非实也。何承天又云："诏以土圭测影，考校二至，差三日有余。从来积岁及交州所上，检其增减，亦相符合。"此则影差之验也。

《周礼》大司徒职曰："夏至之影尺有五寸。"马融以为洛阳，郑玄以为阳城。《尚书·考灵曜》："日永影一尺五寸。"郑玄以为阳城日短十三尺。《易纬·通卦验》："夏至影尺有四寸八分，冬至一丈三尺。"刘向《洪范传》："夏至影一尺五寸八分。"是时汉都长安，而向不言测影处所，若在长安，则非晷影之正也。夏至影长一尺五寸八分，冬至一丈三尺一寸四分。向又云"春秋分长七尺三寸六分"，此即总是虚妄。

《后汉历志》："夏至影一尺五寸。"后汉洛阳冬至一丈三尺。自梁天监以前并同此数。魏景初，夏至影一尺五寸。魏初都许昌，与颍川相近。后都洛阳，又在地中之数。但《易纬》因汉历旧影，似不别影之，冬至一丈三尺。晋姜岌影一尺五寸。宋都建康在江表，验影之数遥取阳城，冬至一丈三尺。宋大明祖冲之历，夏至影一尺五寸。宋都秣陵遥取影同前，冬至一丈三尺。后魏信都芳注《周髀四术》云（按永平元年戊子是梁天监之七年也），见洛阳测影，又见公孙崇集诸朝士共观秘书影，同是夏至之日以八尺之表测日中影，皆长一尺五寸八分，虽无六寸，近六寸。梁武帝大同十年，太史令虞劚以九尺表于江左建康测夏至日中影，长一尺三寸二分。以八尺表测之，影长一尺一寸七分强。冬至一丈三尺七分，八尺表影长一丈一尺六寸二分弱。隋开皇元年，冬至影长一丈二尺七寸二分。开皇二年，夏至影一尺四寸八分。冬至长安测，夏至洛阳测。及王邵《隋灵感志》，冬至一丈二尺七寸二分，长安测也。开皇四年，夏至一尺四寸八分，洛阳测也。冬至一丈二尺八寸八分，洛阳测也。大唐贞观二年己丑五月二十三日癸亥夏至，中影一尺四寸六分，长安测也。十一月二十九日丙寅冬至，中影一丈二尺六寸三分，长安测也。按汉、魏及隋所记夏至中影或长或短，齐其盈缩之中，则夏至之影尺有五寸为近定实矣。以《周官》推之，洛阳为所交会，则冬至一丈二尺五寸亦为近矣。按梁武帝都金陵，去洛阳南北大较千里。以尺表令其有九尺影，则大同十年江左八尺表夏至中影长一尺一寸七分，若是为夏至八尺表千里而差三寸强矣。

此推验即是夏至影差升降不同，南北远近数亦有异。若以一等永定，恐皆乖理之实。

——录自钱宝琮校点《算经十书》，中华书局（1963），页30—31

Ⅷ．明徐光启评论《周髀算经》

徐光启（1562—1633）是晚明热情接受西方近代天文学的代表人物。在他的主持规划下，主要依靠当时来华的耶稣会士天文学家，编撰成堪称16世纪之前的西方天文学百科全书的巨著《崇祯历书》。徐光启有着不同于传统中国士大夫的知识结构，使他对于中国古代天文学的态度不像守旧人士那样一味顶礼推崇，有时还会出现尖锐的批评。他对《周髀算经》的评论，此处所节选的《勾股义序》一文堪称代表。文中的个别言辞不能说没有一点过激之处，如说荣方问陈子以下所言之日月天地之数皆为"千古之大愚"等。但其说与众不同，发前人所未发，很有参考价值。

　　徐光启曰：《周髀》勾股者，世传黄帝所作，而经言庖牺，疑莫能明也。然二帝皆用造历，而禹复借之以平水土，盖度数之用，无所不通者也。后世治历之家，代不绝人，亦且增修递进，至元郭守敬若思十得其六七矣，亡不资算术为用者……自余从泰西子译得《测量法义》，不揣复作《勾股》诸义，即此法，底里洞然。于以通变施用，如伐材于林，挹水于泽，若思而在，当为之抚掌一快已。方今历象之学，或岁月可缓，纷纭众务，或非世道所急；至如西北治河，东南治水利，皆目前救时至计，然而欲寻禹绩，恐此法终不可废也。有绍明郭氏之业者，必能佐平成之功，周公岂欺我哉！勾股遗言独见于《九章》中，凡数十法，不出余所撰正法十五条。元李冶广之，作《测圆海镜》，近顾司寇应祥为之分类释术，余欲为说其义，未遑也。其造端第一论，则此篇之七亦略具矣。《周髀》首章、《九章》勾股之鼻祖，甄鸾、李淳风辈为之重释，颇明悉，实为算术中古文第一。余故为采摭要语，弁诸篇端，以俟用世之君子不废刍荛者。其图注见他本为节解。至于商高问答之后，所谓荣方问于陈子者，言日月天地之数，则千古大愚也。李淳风驳正之，殊为未辨。若《周髀》果尽此，其学废弗传不足怪；而亦有近理者数十语，绝胜浑天家，余尝为雌黄之，别有论。

　　——录自《徐光启集》卷二，上海古籍出版社（1984），页83—85

参考文献

原始文献

[1]《周髀算经》，钱宝琮校点《算经十书》之第一种，中华书局（1963）。这是迄今最为完善的版本。本书即采用这一版本。这是钱宝琮以《四库全书》本为基础，又吸收了此后顾观光、孙诒让两人的校勘成果，并参考其他各种版本，再加上钱氏自己的校勘所得而成的。

[2]《周髀算经》，南宋嘉定六年（1213年）鲍澣之翻刻北宋元丰七年（1084年）秘书省《算经十书》本。此翻刻本现仍藏上海图书馆。此本又有一影抄本，归于清宫，为天禄琳琅阁藏书，今存故宫博物院。

[3]《周髀算经》，明万历胡震亨刻《秘册汇函》本，其中除赵爽、甄鸾、李淳风三家注之外，又增入唐寅注。此本现有上海古籍出版社影印本（1990），因而成为较容易获得之本。

[4]《周髀算经》，清《四库全书》本。此系戴震据明《永乐大典》本（已失传）校订明刻本而成。由这一版本又衍生出武英殿聚珍版本和孔继涵微波榭《算经十书》本两个系统（孔氏自序称微波榭本《周髀算经》系由"毛氏汲古阁所藏宋元丰京监本"而来，

不可信，参见［9］），各有多种翻刻、翻印本。

［5］《周髀算经》，商务印书馆《丛书集成》本（1937）。此系据武英殿聚珍版本之排印本，也是《周髀算经》比较容易得到的版本之一。

研究文献

［6］李俨：中算家之 Pythagoras 定理研究，《学艺》，8 卷 2 号（1926），页 1—27。

［7］高均：周髀北极璇玑考，《中国天文学会会刊》（1927），页 43—56。

［8］刘朝阳：中国天文学史之一重大问题——《周髀算经》之年代，《中山大学语言历史学研究所周刊》，94—96 期合期（1929），页 1—11。从正面解决《周髀算经》成书年代的现代尝试。

［9］钱宝琮：《周髀算经》考，《科学》，14 卷 1 期（1929），页 7—29。又收入《钱宝琮科学史论文选集》，科学出版社（1983），页 119—136。考论《周髀算经》的版本、校勘、成书年代等问题。

［10］钱宝琮：中国数学中之整数勾股形研究，《数学杂志》，1 卷 3 期（1937），页 94—112。文中特别提到，有人将勾股定理改称为"商高定理"，作者认为这样做"似非妥善"。

［11］章鸿钊：禹之治水与勾股测量术，《中国数学杂志》，1 卷 1 期（1951），页 16—17。

［12］程纶：毕达哥拉斯定理应改称商高定理，《数学通报》，1 卷 1 期（1951），页 12—13。

［13］章鸿钊：《周髀算经》上之勾股普遍定理："陈子定理"，

《中国数学杂志》，1卷1期（1951），页13—15。

［14］章元龙：关于商高或陈子定理的讨论，《中国数学杂志》，1卷4期（1952），页45—47。

［15］魏凤岐：商高定理的三个证明，《数学通讯》，7期（1955），页32。

［16］钱宝琮：盖天说源流考，《科学史集刊》，创刊号（1958），页29—46。又收入《钱宝琮科学史论文选集》，科学出版社（1983），页377—403。全面而系统地研究《周髀算经》中盖天学说的第一篇重要文献，分析了盖天学说的结构和特点，并指出若干矛盾难解之处。

［17］席泽宗：盖天说和浑天说，《天文学报》，8卷1期（1960），页80—87。

［18］张君达、邵今成：从赵爽弦图的解析谈起，《数学通报》，2期（1966），页41—47。

［19］陈遵妫：《中国天文学史》（第一册），上海人民出版社（1980）。页106—187中有作者对《周髀算经》全书天文、数学运算的疏解，并附有《周髀算经》全文（据商务印书馆《丛书集成》本）。

［20］薄树人：再谈《周髀算经》中的盖天说——纪念钱宝琮先生逝世十五周年，《自然科学史研究》，8卷4期（1989），页297—305。对钱氏《盖天说源流考》一文中所谈到的一些重要问题做了进一步的申论，并针对浑天、盖天说优劣之争，讨论了评价古人学说优劣的标准。

［21］程贞一、席泽宗：陈子模型和早期对于太阳的测量，《中国古代科学史论·续篇》，京都大学人文科学研究所（1991），

页 367—383。

　　［22］金祖孟:《中国古宇宙论》,华东师范大学出版社(1991)。此书作者坚决主张盖天说优于浑天说这样一种观点——事实上要坚持这一观点是极为困难的,并且很难避免在理性和激情之间倾向后者,作者为此论战多年,并将他在这场论战中的文章汇集为此书。

　　［23］江晓原:《周髀算经》——中国古代唯一的公理化尝试,《自然辩证法通讯》,18 卷 3 期（1996）,页 43—48。

　　［24］江晓原:《周髀算经》盖天宇宙结构,《自然科学史研究》,15 卷 3 期（1996）,页 248—253。

　　［25］江晓原:《周髀算经》与古代域外天学,《自然科学史研究》,16 卷 3 期（1997）,页 207—212。

综合索引

经岁（参见"回归年"）107,124,125,
126

经月（参见"朔望月"）107,124,125,
126

《晋书》8,32

矩 41,62,66,83,84,87,90,91,92,103,116,
137,138,139,140,143

K

卡利普斯（Callippus）53

开普勒（J. Kepler）53

《坤舆万国全图》49

L

李淳风 6,7,8,11,12,27,92,96,109,123,133,
134,135,145,148,149,157

李开先 10

李之藻 55,56,136

利玛窦（Mattew Ricci）49,55

历法 4,52,57,80,81,129,130

两分两至 2,35

《灵宪》7,15,40,55,58,61,83,101,134,
136,145

刘洪 7,136

刘歆 3

六间 2,31,35,46,87,99,129,135

娄 4,32,35,36,74,100,104,121,123

洛西（J. Losee）16

M

毛晋 9,10

毛扆 10

梅文鼎 49,57,58

迷卢山（须弥山）45,46,47

《秘册汇函》8,9,99,149

N

内衡 19,31,34,35,36,47,48,67,74,75,80,
87,96,99,100,101,104,108,115,120,121,
122,123,129,135

牛（参见"牵牛距度"）4,19,30,32,35,
36,51,67,73,74,87,100,103,104,116,117,
118,119,120,123,130

纽康（S. Newcomb）36,122

O

欧多克斯（Eudoxus）53,54

欧几里得（Euclid）16,137,142,143,144

P

滂沱（沲）四隤 20,21,22,70,101,109,135

平行平面 15,16,17,18,22,23,24,26,27,39,
46,54,93,95,109,110,145

Q

七衡 2,7,31,32,35,46,56,66,67,87,88,
99,100,101,129,135

牵牛距度 30

钱宝琮 3,4,7,9,10,11,18,32,44,56,91,94,
95,109,123,130,137,138,142,147,149,
150,151

《乾象历》7,136

青图画 32,33,56

秋分 4,31,32,35,36,38,48,65,71,72,76,86,
97,98,99,100,102,103,105,114,115,121,
135,146

45,46,48,71,72,74,75,97,102,104,109,
110,111,112,113,114,115,135,150
璇玑四游 19, 26, 102, 135

Y

亚里士多德（Aristotle）16,17,49,53
演绎 16,17,18,48,54,63
扬雄 58,89
一行 26,145
影抄本 10,149
《永乐大典》9,136,149
游仪 73,74,103,104,116,117,118,120
宇宙边界 39,40,42,43
《御制数理精蕴》3,135
圆周率 96
月后天（月不及故舍）77,78,79,106,107,
108,124,125,126,131
月运动 52,53

Z

张衡 7,15,40,89,90,101,134,136,145
章 80,106,108,130

赵开美 9,10,11
赵君卿 6,7,61,83,133,134,136
赵爽 6,7,8,11,23,24,27,32,33,34,35,43,4
7,48,49,61,91,92,93,94,95,96,99,110,
113,114,115,116,117,118,119,123,124,
128,129,130,133,136,137,138,139,141,
142,149,151,159
甄鸾 6,7,8,92,133,134,135,148,149,159
《职方外纪》49
《至大论》53
中衡 31,35,36,47,72,75,103,104,115,121,
123,135,136
中央表 73,74,104
周髀（参见"表"）2,12,13,14,24,25,63,64,
69,85,86,92,93,135,145
周地 13,20,21,25,27,28,38,46,63,64,65,
66,71,72,93,97,98,99,109,112,115,127,
129,135
周公 1,3,41,44,57,61,62,83,84,90,133,135,
148
周天历度 62,72,83,103,118

后 记

承接《周髀算经》译注时，原以为只是一个一般性的任务，未料到开始工作之后不久，就发现这部书在今天实在有着比许多人想象中大得多的研究价值，同时又问题成堆，竟无法等闲视之。于是在相当"投入"的状态下，埋头工作数月，总算将此书完成。无可奈何的是，"新论"的篇幅竟达原著的三倍，实在有喧宾夺主之嫌。之所以如此，原因有二：一是此书问题实在太多，前人著述中又颇多误解，若不逐一分析、辩证，一般读者将难以阅读本书。二是原书中有赵爽、甄鸾、李淳风、唐寅等人分别所作之注，这些注文烦琐枝蔓，篇幅超出《周髀算经》原著好几倍——是古人早已喧宾夺主于前了。今将诸人之注尽数删去，只保留《周髀算经》原文，以还此书之庐山真面目，同时将赵爽、李淳风注中有价值者纳入新注（凡有引用，皆一一注明）。

由于本书情况特殊，又安排了八种附录，都是与《周髀算经》其书及书中的学说有直接关系的，以便有助于读者进一步了解情况。

在本书译注及"新论"撰写中，上海古籍出版社金良年先生曾惠然提供了重要参考资料，在此深表谢忱。

江晓原

1992 年盛夏酷暑中

于上海二化斋